这就是科学 ↘

韦亚一博士，国家特聘专家，中国科学院微电子研究所研究员，中国科学院大学微电子学院教授，博士生导师。1998 年毕业于德国 Stuttgart 大学 / 马普固体研究所，师从诺贝尔物理奖获得者 Klaus von Klitzing，获博士学位。

韦亚一博士长期从事半导体光刻设备、材料、软件和制程研发，取得了多项核心技术，发表了超过 90 篇的专业文献和 3 本专著。韦亚一研究员在中科院微电子所创立了计算光刻研发中心，从事 20nm 以下技术节点的计算光刻技术研究，其研究成果被广泛应用于国内 FinFET 和 3D NAND 的量产工艺中。

《这就是科学》：

科学的发展和知识的积累是现代社会进步的标志；严谨科学的思维也是衡量一个人成熟与否的重要指标。通过阅读本书中一个一个鲜活生动的故事，孩子们不仅可以学习到科学知识，而且可以培育科学的思维和逻辑推理。

韦亚一
2020.12.14

《这就是科学》：

科学的发展和知识的积累是现代社会进步的标志；严谨科学的思维也是衡量一个人成熟与否的重要指标。通过阅读本书中一个一个鲜活生动的故事，孩子们不仅可以学习到科学知识，而且可以培育科学的思维和逻辑推理。

韦亚一
2020.12.14

· 科学启蒙就这么简单 ·

在漫画中学习科学，在探索中发现新知

这就是科学

反应里的魔法师

高 美◎编著

吉林文史出版社
JILIN WENSHI CHUBANSHE

图书在版编目（CIP）数据

反应里的魔法师 / 高美编著 . -- 长春 : 吉林文史
出版社 , 2021.1

（这就是科学 / 刘光远主编）

ISBN 978-7-5472-7438-5

Ⅰ . ①反… Ⅱ . ①高… Ⅲ . ①化学—儿童读物 Ⅳ .
① O6-49

中国版本图书馆 CIP 数据核字 (2020) 第 227673 号

反应里的魔法师

FANYING LI DE MOFASHI

编　　著：高　美
责任编辑：吕　　莹
封面设计：天下书装
出版发行：吉林文史出版社有限责任公司
电　　话：0431-81629369
地　　址：长春市福祉大路出版集团 A 座
邮　　编：130117
网　　址：www.jlws.com.cn
印　　刷：三河市祥达印刷包装有限公司
开　　本：165mm×230mm　1/16
印　　张：8
字　　数：80 千字
版　　次：2021 年 1 月第 1 版　2021 年 1 月第 1 次印刷
书　　号：ISBN 978-7-5472-7438-5
定　　价：29.80 元

前 言  Contents

　　作为科学学科的两大领域，同时也是我国初高中学生的必修课，物理和化学向来被看作是广大学生难以攻克的两大学科。复杂多变的物理环境、物理现象，深奥难解的化学组合、化学反应……曾经是令无数学子望而却步的高峰。如何轻松有效地学习好物理、化学，想必是很多学子乃至家长绞尽脑汁想要解决的难题。

　　其实，学好物理、化学这两门学科，并没有想象中那么难，也没有那么复杂。

　　如果我们用一颗轻松的心来看待这两门学科，同时试着将两者与我们的生活联系在一起，那么，你就会发现：原来生活中竟隐藏着如此之多的物理知识和化学常识！你也会发现：原来曾经以为高不可攀的科学高峰，竟然也有攀援而上的道路！

　　是啊，这就是物理，这就是化学，这就是我们生活中隐藏着的科学，它并不难懂，也并不复杂，相反，它是严谨而有趣的生活点滴。

　　试想，我们每天都能看到的光、听到的声、感受到的热……它们都是从哪里来的呢？是什么原因导致了它们的产生？又是什么原因能让我们感受得到它们？而它们又有哪些奇妙知识呢？

试想，我们吃的食物、穿的衣服、用的东西……它们是由哪些成分构成的呢？这些成分对人体又有哪些作用？我们对这些成分的利用还有什么产物呢？

试想，包括我们人类在内，存在于这个世界上的物质，到底是什么呢？而所谓的密度、质量和重量，又是什么呢？我们生活着的这个世界的种种现象和反应，又该如何解释和理解呢？

想要知道这些，那就改变你的观念，不再用畏惧甚至抗拒的心态去看待科学的物理和化学，相反，我们应该用一颗好奇且有趣的心去学习物理和化学，这样，你就会感受到光的明亮和炎热，感受到声音的清脆和悦耳，感受到四季更迭中的物质变化，感受到能量交替中的守恒定律，感受到分子原子内部蕴含的强大能量……到那时，你会发现：原来，科学还能这样学！

科学之所以是科学，贵在它是人类经过数千数万年的探索、研究和总结而得出的宝贵经验，它来源于生活，更高于我们的生活。所以，如果我们用生活化的眼光去看待它，就会获得更加生活化、更加趣味化的知识。

这样有趣的学习方式，正是每个孩子需要的，比起枯燥的知识灌输，让知识变得灵活起来，才是学习的有效途径。

所以，快来趣味的科学世界遨游一番吧！

本书编委会

目 录  Contents

神秘"破坏王"

酸雨的正式名称是酸性沉降，是指 pH 值小于 5.6 的雨、雪、雾、雹等大气降水，可分为"湿沉降"与"干沉降"两大类。

湿沉降指的是所有气状污染物，随着雨、雪、雾、雹等降水形态落到地面；干沉降是指在不降雨的日子，从空中降下来的灰尘所带来的一些酸性物质。

酸雨是怎么形成的？

我们的生活和酸雨有什么关联？ >>>

"方块，你快别讲了，这大白天的你怎么吓唬人？"红桃捂着耳朵跑向了正在书桌前写字的歪博士。

歪博士取下眼镜，揉了揉太阳穴，笑着说："你这个小方块，是不是又给红桃讲什么故事了？"

"我只不过是看到漫画中有个'破坏王'神秘组织，我跟红桃说，可千万不要做坏事，小心'破坏王'来抓走他。"方块挥舞着手中的书，笑得前仰后合。

歪博士起身穿上了外套，说："你也别看什么漫画了，今天我手头上的工作也完成了，我带你们去看看方块一直惦记的埃及狮身人面像吧。"

"哇！歪博士，您太好了！到那儿我可要多拍几张照片。"方块放下书，拿上相机，第一个冲到了时光机旁边。

"3、2、1……"随着智慧1号的倒数声，歪博士和方块、红桃手拉着手围成了一个圈。三人中间放置的时光机舱门突然打开，一束光将三人瞬间包裹。

等三人睁开眼，他们已经来到了埃及厄吉萨金字塔游览区。

高耸的金字塔在阳光下显得那么辉煌、壮丽，4700多年来，它默默地注视着这片茫茫荒漠。

金字塔不远处的狮身人面像下面，聚集了很多前来观赏的游客。

"你们知道这座雕像真正的名字吗？"歪博士摸摸胡子，缓缓

问道。

"这个……"正在方块支支吾吾的时候，红桃抢先回答："歪博士，它叫斯芬克斯。在古代的神话中，它是巨人和蛇妖所生的怪物，所以是人的脸、狮子的躯体，它还有翅膀呢！它其实是古埃及法老的写照，象征着力量。"

方块赶紧拿起相机，记录下这座文物。

"你们看，这雕塑周边的石头斑驳不平，这就是岁月的痕迹。它在历史长河中经历了风吹雨打和沙土掩埋，保留至今实属不易。这里最佳的拍摄时间是上午九点半以前，因为在这个时间内光线最佳。方块，你可要抓紧了。"歪博士说。

突然天色变暗，"噼里啪啦"，豆大的雨点落在了人们的身上。"孩子们！快过来，下雨了，我们得快点回去，等下次天气好点再来。"歪博士喊道。

歪博士启动返回装置，一行人这才赶在浑身湿透之前，借助飞行

舱回到了实验室。回到智慧屋后，方块惊慌失措地喊道："红桃、红桃，快看看我这是怎么了？我的头皮好痒啊！"方块的头发竟然还掉了好几根。

建造于公元前 421 年至公元前 406 年的希腊雅典卫城的古希腊宫殿，曾经在漫长的炮火中饱经风霜，近几十年来还曾遭遇酸雨的洗刷，变得满目疮痍。

"这呀，肯定是你之前老吓唬人，神秘'破坏王'来惩罚你了，哈哈！"红桃觉得是方块大惊小怪了。

"方块，我来看看。"歪博士仔细看了看方块的胳膊和头皮，若有所思地说，"看来，我们刚才遭遇的是酸雨。"

"酸雨？"这可吓了方块一跳。

歪博士让方块先去好好洗个澡。等方块洗漱完，智慧 1 号滑动着脚步，给方块递上了一瓶消炎药水。

"不要紧张，方块，这种 pH 值小于 5.6 的降水，主要是人为向大气中排放大量酸性物质造成的。酸性物质在降落过程中，吸收并溶解了空气中的二氧化硫、氮氧化合物等物质，形成了 pH 值低于 5.6 的酸性降水，叫作酸雨。"

"歪博士，我知道了，我们看到了狮身人面像脸部那些裂缝、泪痕，应该也有酸雨破坏的原因。"红桃一下子想通了。

歪博士点点头，说："酸雨大多是形成硫酸的二氧化硫沉降，对于我们身边的土壤、森林、建筑设施及人体都有一定的危害作用。"听到这里，大家都沉默了，想不到酸雨的威力如此之大。

歪博士解释，人类可以通过开发新能源、减少二氧化硫、减少煤炭燃烧等方式防治酸雨。

"歪博士，我，我再去洗一遍头发吧！我的秀发……"方块越想越不踏实，"嗖"的一声又钻进了洗漱间。

酸性气体的主要来源都有哪些？

酸性气体的最主要来源有：煤、石油和天然气等化石燃料的燃烧；金属冶炼过程中逸出大量硫的氧化物气体，部分进入了大气；汽车发动机内活塞频繁打出火花时使氮气变成氮的氧化物并排入大气。

"歪博士，其实只要没有长时间接触酸雨，我们不用太过紧张，因为皮肤也有自我恢复能力，对吗？"红桃悄悄问。

"按道理来说是这样的，不过咱们先别告诉他。"歪博士笑着说。

"智慧 1 号，记得帮我再准备十瓶消炎药水……"洗漱间传来了方

块的声音。智慧 1 号关闭了听力天线，默默走开了，机器屏幕上留下一
个调皮的笑脸符号……

酸雨"破坏王"

酸雨为什么被称为"无敌破坏王"呢？
同学们，让我们一起通过实验来走进酸雨的能量世界吧！

安全提示： 请同学们佩戴保护手套进行实验。

实验目的： 观察"模拟酸雨"对岩石的腐蚀过程。

实验准备： 醋、大理石、玻璃棒、烧杯、镊子、量筒、胶头滴管。

实验过程： 1. 用量筒量取 50mL 醋倒入小烧杯中。

2. 将大小适中的块状大理石用镊子夹住，小心地投入醋中，观察大理石表面的变化。

实验原理：

醋酸与大理石中的碳酸钙生成了二氧化碳气体和醋酸钙，所以大理石表面产生很多气泡，同时固体自身在溶解。

方块爱生活

酸雨对人体健康的最大危害就是引起呼吸道疾病，比如哮喘、干咳、鼻子过敏等。

红桃讲故事

哭泣的自由女神

美国纽约市海港内有一座被称为自由岛的小岛。岛上矗立着一座巨大的雕像，即著名的"自由女神"像，其全称为"自由女神铜像国际纪念碑"。

1932年，相关工作人员对它进行检查时，雕像还是完好的。但是近年来，由于受到酸雨的侵蚀，自由女神像钢筋混凝土外包的薄铜片逐渐变得疏松，一触即掉。面对"肌肤"遭遇严重问题的自由女神像，当地政府不得不制订了大规模修复方案。美国能源巨头之一的美国电力公司为此付出了46亿美元的巨额账单，因为自由女神像的损坏跟美国电力公司燃煤发电造成的酸雨有着密不可分的关系。

这就是科学

　　酸雨的危害不只如此，它还会加速有毒金属的溶解，溶解在水中的有毒金属又容易被水果、蔬菜和动物吸收。据报道，在瑞典的九万多个湖泊之中，已经有两万多个遭到了酸雨的危害。酸雨除了污染河流和湖泊以外，还会对地下水造成污染，这将直接或间接地危害人类的健康。

1. 酸雨是由大气中的 SO_2 形成的。

2. 汽车尾气也是酸雨产生的一大原因。

3. 我们要爱护环境，保护我们共同生活的地球。

歪博士的美食秘籍

小苏打学名为碳酸氢钠（$NaHCO_3$），是一种白色细小晶体。固体小苏打在 50℃ 以上会逐渐分解，生成碳酸钠、二氧化碳和水。

最近街角开了一家叫作"风信子"的甜点屋，生意很火爆。牙白色的窗棂下，挂着一串串风信子造型的铃铛，每当有客人进门，小铃铛就叮叮当当地响个不停。可是由于客人太多，每次红桃他们都买不到店里的招牌面包。

梅花和红桃决定求助身边的美食高手。于是，他们一起来找歪博士。

"歪博士，上次您给我们做的面包特别好吃，我们最近总是买不到那家的椰香酸奶面包，您能给我们做一次这款面包吗？"红桃拉着歪博士的衣角哀求道。

方块"噌"的一下把头扭向红桃，吞了下口水，说："你说什么？歪博士做过面包？我怎么没吃到？"

"因为上次你睡得太香了，实在叫不醒，我们就只好自己吃完了。"梅花背靠在门边，淡定地说。

"哈哈，所以方块不知道我做美食的能力嘛！今天我就给你们露一手。"看了看孩子们期待的眼神，歪博士觉得，自己一个人做面包太孤单了，他今天要教孩子们一起做面包。

智慧 1 号在 5 分钟内把厨房里的桌子收拾干净，摆上了四个人做面包需要用到的材料和工具。

"智慧 1 号，我做面包的美食秘籍你也准备好了吗？"歪博士边让孩子们围上围裙边问。

"放心吧，歪博士，您的美食秘籍就在桌上。"

"什么秘籍啊，歪博士？"方块瞅着桌上的一袋袋材料包，看不出个所以然来。

歪博士劝他耐心点儿，一会儿自然会知道。

红桃、梅花、方块学着歪博士的样子，在小碗里用温水加上白糖，然后加入了一小袋白色的粉末进行搅拌。正当大家细心操作的时候，方块被电视里的动画片吸引住了，视线从厨房飘到了门口的投影仪。

"方块，你别跑神了，你看你的粉末都洒了一地。"梅花忍不住提醒他。

等方块回过神来，才发现刚才智慧1号准备的那一小袋白色粉末，由于自己走神儿倒偏了，竟然洒出来了多半袋子。他看见歪博士似乎没看到自己的窘相，长舒一口气。

歪博士让他们把面粉倒入盆里，将刚才配好的一小碗水慢慢地倒入

面粉里，边倒边用筷子搅拌，多次少量地加，然后加入溶解好的黄油和一个鸡蛋。

黄油是由牛奶提炼出来的，含有丰富的营养，同时黄油的脂肪含量也是非常高的。新鲜的黄油具有浓浓的奶香味，比其他的食用油要香。

随后，大家用筷子将面粉搅拌成絮状，再用手充分地揉捏。梅花不紧不慢地揉着面团，面盆内四周逐渐变得干净。红桃的面团也揉得逐渐有了韧劲儿，方块不甘示弱，用力地拍揉着面团，仿佛一个好吃的面包马上就要做好了。

面团在40℃的温度下醒发了1个小时左右，大家发现，面团发生了变化。

"哇，面团竟然变大了，歪博士！而且感觉更光滑了。"红桃觉得眼前的一切就像魔法。

接着，在歪博士的带领下，大家将面团依次进行排气、包裹馅料，最后涂上蛋液、撒上椰蓉，放进了预热好的烤箱。

经过半小时的等待，烤箱发出了"叮"的一声，面包要出炉了！

歪博士慢慢取出托盘，之前的面团已经变成了焦香的面包，屋子里顿时椰香味四溢，几个人忍不住流口水。

"歪博士！您看，哈哈哈！"红桃指着大面包中间的几个没醒发起来的小面团，忍不住笑出声来。

方块不好意思地挠挠头："我，我……"

"你呀，走神儿时浪费掉的那些粉末可是歪博士的美食秘密武器。"梅花拿起一块成功的面包递给了方块。

"我的秘密武器其实有自己的名字，它叫'小苏打'，学名叫作碳酸氢钠。虽然它的名字带'酸'字，但其实溶于水中后产生的是弱碱性溶液。这种溶液与酸性液体，比如生活中常见的醋、酸奶等混合后，就会发生神奇的化学反应，不但它自身会发生分解，同时也会释放二氧化碳。"歪博士把小苏打袋子递给红桃，让大家都看看。

"歪博士，有了它，面团才能发酵得好，做出来的面包中间才会有小气孔吧。"方块闻了闻，这粉末并没有什么味道。

歪博士不由得竖起了大拇指："方块，这你还真说对了，小苏打会释放二氧化碳的这个特性，让其成为常用的'膨松剂'。"

智慧问答

小苏打和酵母在使用中有什么不同？

小苏打类似于酵母，在使用中同样可以产生二氧化碳使面包蓬松。只不过小苏打释放二氧化碳是化学反应，速度比酵母发酵更快，所以放入小苏打的食物多半要求快速完成，然后立即送入烤箱定型。

方块不好意思地笑笑说："看来，我的小面团是因为缺少小苏打的帮助，才没有完成完美变身。"歪博士制作面包的秘密武器还真是不容小看。方块以后再也不敢走神儿了……

瓶塞也会飞

不用借助双手，就能让橡胶塞子一飞冲天，是不是觉得很神奇？快在爸爸妈妈的陪同下试试看吧！

安全提示： 实验过程中，请在家长的陪同下完成小苏打配比。

实验目的： 观察小苏打和白醋的化学反应。

实验准备： 饮料瓶、小苏打粉、白醋、胶带纸、颜料、橡胶塞子、卫生纸。

实验过程： 1. 在瓶子里倒入半瓶醋。

2. 撕一段卫生纸，在中间包裹约一勺小苏打粉。

3. 将包着小苏打的卫生纸团扔进瓶里，用橡胶塞子塞住瓶口。退后几步，等待塞子飞起来吧！如

果担心反应太迅速，也可以选择多包几层卫生纸来延缓反应速度。

实验原理：

　　小苏打的主要成分是碳酸氢钠，白醋的主要成分是醋酸，当小苏打遇上白醋，就会发生化学反应，产生大量的二氧化碳，推动瓶塞飞起来（力的相互作用）。

　　洗鱼时一旦弄破鱼苦胆，鱼肉就会有苦味。胆汁具有酸性，小苏打具有碱性，只要在被苦胆污染过的鱼肉上面涂一些小苏打，再用水冲洗干净，就可以去掉苦味。

面包做武器

　　公元15世纪，土耳其人创立的奥斯曼帝国日益强大，向位于欧亚交界处的亚美尼亚发动了侵略战争。这天，正当奥斯曼帝国的军队在亚美尼亚的一个城市进行抢掠时，一位即将冲进居民住所的将军遭到了埋伏在门口的女主人的突袭，受到了轻伤。

　　让人惊讶的是，这位女主人发起突袭的武器不是尖刀利器，竟是自己做的面包！

　　根据文献记载，这位主妇使用的是一种未经发酵的"死面"面包。在很长的一段时间里，欧洲人食用的都是这种吃起来像"砖头"一样的主食。

　　直到人们找到了胚乳保存良好的小麦，面包的口感才得

以改善。胚乳中的蛋白质在酵母菌的作用下，可以产生二氧化碳，让面团变得具有弹性和伸缩性，最终令人们做出美味的发酵面包。随着人们对发酵技术掌握得越来越娴熟，越来越多好吃的面包也出现在了人们的餐桌上。

1. 小苏打是强碱与弱酸中和后形成的酸式盐。

2. 织物上的陈迹霉斑，用小苏打溶液清洗过几次，就可以去除。

热水器里的"顽固分子"

　　水垢俗称水锈、水碱，是指硬水煮沸后所含矿物质附着在容器内逐渐形成的白色块状或粉末状的物质。

　　水垢的导热系数很小，为普通钢材的 2% — 5%。

歪博士爱提问

什么是水垢？ >>>
当我们遇到难缠的水垢，应该怎么清理呢？

天气越来越热了，眼看着运动会就要到来。方块由于报名参加了长跑项目，最近每天训练回来都会出一身汗，而冲热水澡可以让他缓解一天的疲劳。

不知道是不是最近使用热水器太过于频繁，方块总觉得家里的热水器水温跟以前相比有些低。

今天洗澡的时候，热水器温度又一直上不去。方块重新启动了两次热水器，发现开关的指示灯都可以正常工作。

难道是太阳能热水器的管道出了问题？

盯着热水器足足有 10 分钟了，方块仍旧百思不得其解。无奈之下，

方块只好拨打电话求助歪博士。

歪博士带着智慧 1 号来到了方块的家。智慧 1 号在离热水器半米之外的距离开启了全屏扫描模式，只听"嘟嘟"两声，从智慧 1 号肚子位置的数据输出端口打印出了一张热水器的问题诊断证明。

"水垢？"方块看着诊断证明上的两个字，有些摸不着头脑。难道热水器坏了跟常常在水壶里出现的水垢有关系？

歪博士拆开热水器外壳，指着箱体里面白色的杂质说："你看，这就是水垢，是它影响了热水器的正常工作。"

"水垢是怎么出现的呢？会不会是因为我们的用水有问题？"方块不明白。

"其实这是一种很正常的现象。水受热后就会从中沉淀出一种白色的化合物和杂质的混合物，这就是水垢。它的形成和水质有关系。"歪博士解释道。

"水分为硬水和软水吧？"方块说，他隐约记得这一点。

歪博士打开智慧 1 号自带的电脑，向方块介绍道："你说得没错，硬水通常是指含有钙、镁盐等矿物质比较多的水，我们平时见到的河水、泉水等就属于硬水。生活中我们常常饮用的自来水是河水、湖水或者井水经过沉降、除杂、消毒后得到的，因此也是硬水。而软水是指含钙、镁盐类等矿物质较少的水，如刚下的雪，其融化后的水里所含的矿物质较少。"

方块这才知道，随着温度的升高，一部分水蒸发了，而本来难溶解的硫酸钙则沉淀下来。同时，原来溶解的碳酸氢钙和碳酸氢镁，在温度逐渐上升的水里分解，释放出二氧化碳，生成不溶于水的碳酸钙和氢氧化镁沉淀下来。这就是水垢形成的原因。

水垢碎片进入人体胃部会与盐酸反应，释放出钙镁离子和二氧化碳。钙镁离子是导致结石形成的必要物质，二氧化碳则会使人胀气、感到不适。

"水垢看起来像结实的石灰岩。只要水温高了，就容易有水垢产生，尤其在水质比较硬的北方。我们身边的水壶、锅炉都会有水垢存在。"方块不免有些担忧，一想到热水器坏了，自己无法享受到每天的热水澡，就觉得少了一件乐趣。水垢的产生还真是让人苦恼。

歪博士拍拍他的肩膀，说："水垢的导热性很差，会导致受热面传热情况恶化，从而浪费燃料或电能。"

智慧1号也补充道："如果水垢沉积于热水器或锅炉内壁，还会由于热胀冷缩和受热不均，极大地增加热水器和锅炉爆裂甚至爆炸的危险。除此之外，水垢深积时，常会附着大量重金属离子。如果该容器用于盛装饮用水，就会有重金属离子过多溶于其中的危险。

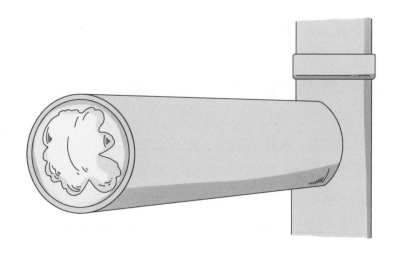

由此可见，水垢对人是有危害的。我们在生活中，需要定期清除容器中的水垢。"

"那我们用刀片把它刮掉吧。"方块想起自己家中有一些做木版画的刮刀，说不定能派上用场。

歪博士赶紧制止了他，这一刀下去，热水器恐怕也要报废了。

"这种物理方法不能用在热水器等各种桶器及管道之中，我们必须请超级清洁工来帮忙。"歪博士可是有备而来。

只见歪博士拿出一瓶专用水垢清洁剂，倒入已经冲洗过的热水器桶箱，再倒入热水。"原来您说的超级清洁工就是它啊。"方块恍然大悟。

"这种水垢清洁剂的主要成分是羟基丙三酸，原料安全无毒还环保。水垢中的主要成分是硫酸钙，两者相遇之后，水垢就会被去除。"歪博士对他请来的清洁小帮手很有信心。

智慧
问答

水垢会导致结石吗？

肾结石是人体内钙镁离子浓度过高，在尿液里析出形成的。结石病的形成与代谢、饮食等多种因素有关，不能单凭一个因素来下结论。饮用合格自来水并不会影响身体健康。

经过超级清洁工的帮助，方块家的热水器终于又能正常工作了。他决定定期去歪博士的实验室请这位清洁工来帮忙，要想时常享受热水澡，那就必须要好好保养热水器，注意定期清理水垢啦。

我爱做实验

去水垢的"魔法之手"

食醋看起来很不起眼，可是在面对令人头疼的水垢时，它却能发挥巨大的效果，消除水垢，让水壶重现光彩。

安全提示： 使用钢丝清洁球时注意保护手部，不要被划伤。

实验目的： 观察水垢去除方法。

实验准备： 带有水垢的水壶、一碗食醋、一个钢丝清洁球。

实验过程： 1. 在水壶中倒入食醋，静置一晚。

2. 用钢丝球洗刷水壶，我们可以发现，加入了食醋的水壶比原来更容易清理干净。

实验原理：

水垢的主要成分是碳酸钙、氢氧化镁，它们可以和酸起化学反应。

方块爱生活

柠檬可以除水垢。把柠檬切片放入烧水壶（越薄越好，目的是让柠檬酸尽量释放出来），水烧开煮沸 5 分钟左右，让柠檬在水中浸泡 2 分钟即可除去水壶中的水垢。

杜康造酒儿造醋

相传，夏朝的杜康是古代的"酿酒始祖"。他在多年的研究中发现，酿酒用的水对于酒的品质有非常大的影响，于是，他从自己家附近北面山上的皇古泉取水来酿酒。

随着酿酒的名气越来越大，杜康所在的桑竹林逐渐形成一个村落，叫"杜康村"。

后来，杜康的儿子黑塔跟杜康学会酿酒技术后，率领族群移居到了江苏镇江，并在那里以酿酒为生。黑塔发现，每次酿酒后都遗留下很多酒糟，扔掉很可惜。他就试着把酒糟放在缸里浸泡存放起来。

一天的酉时，黑塔打开缸的封口后，觉得一股浓郁的气味扑鼻而来。他尝了一口，味道既酸又甜，很是美味，又想到距

离自己把酒糟放进缸中的时间正好是21天，二十一日酉时，加起来是个"醋"字，于是将缸中酿造的液体取名为"醋"。

直到今天，镇江一些酱醋厂酿制醋的时间还以21天为限。

到汉代时，我国开始广泛生产醋。南北朝时，食醋的产量和销量都已很大。名著《齐民要术》中详细地总结了我国劳动人民的制醋经验和成就，收载了22种制醋方法，成为我国粮食酿造醋的宝贵资料。

1. 去除水壶的水垢时，不可用酸浸泡水壶过长时间。
2. 除垢结束后立刻用水冲洗，再用干布擦净。

冒烟的发令枪

五氧化二磷（P_2O_5），是由磷在氧气中燃烧生成的白色无定形粉末或六方晶体。

五氧化二磷为酸性氧化物，有腐蚀性，不可用手直接触摸或食用，也不可直接闻气味。五氧化二磷可溶于水产生大量热并生成磷酸。

歪博士爱提问

发令枪中冒出的是白色气体吗？
五氧化二磷对人体有危害吗？ >>>

刚结束了学校的运动会，全国运动会又即将拉开序幕。看来这个季节，真是到处充满了运动的气息。

"我们今天就去早期的全运会看看吧，让你们真切地感受一下运动会的魅力。"歪博士的这个提议得到了方块、红桃和梅花的极力赞同。在智慧1号的帮助下，他们穿越时空，来到了中国第一届全运会的比赛现场。

赛场上到处彩旗飘扬，人声鼎沸。运动场的设计跟现代相比虽然简单了许多，但是人们的运动热情和现代并无差别。

红桃发现长跑项目就要开始了，急忙让大家一起为运动员加油。

裁判长扣动发令枪扳机，随着一阵白烟泛起，运动员们像箭一般冲

向了终点。

"喂,你们开始计时了吗?我们这边的'纸炮枪'一秒钟之前就响了。"一位工作人员对着对讲机大声喊道,生怕终点处的计时员晚看到比赛开始的信号。

方块这是第一次听说,发令枪在那个时代原来被叫作"纸炮枪"啊。据说那时候的发令枪很不好用,也不方便计时。

"到了1965年的第二届全运会上,出现了上海造的一种仿左轮手枪,子弹也变成了金属的,但是效果不理想。从第四届全运会开始,发令枪都与电子计时器相连接了,枪上的特制接收器在响枪时迅速链接,保证电线中产生电流,用这种方法带动电子表计时。"梅花向同伴们饶有兴趣地介绍。

知识拓展　　　　第二届全运会上的仿左轮手枪之所以出现没多久就被淘汰了,是因为它的声音过于响亮。现代运动会上的发令枪经过改进,发令的声音也逐渐调试在了人们能接受的范围之内。

"刚才枪一响,还真吓了我一跳。"方块向来胆子小。

歪博士把方块戴的帽子扶正,乐呵呵地说:"最早的发令枪就是一种能发声的枪械,随着技术的进步,发令枪也随之改进,当发出响声之后,还会从枪管里冒出一阵白烟,向空中扩散开来。白烟其实就是发令枪中的子弹撞击形成的。"

"我听科学老师讲过,这种子弹是用氯酸钾和红磷混合制作的。扣动发令枪进行发射时,这些药品受到撞击,氯酸钾迅速分解,产生的氧气会立刻与红磷反应,生成五氧化二磷。"红桃想起来在科技课上老师

专门讲过。

方块一拍脑瓜："五氧化二磷就是白色的吗？"

"它确实是一种白色粉末，当分散到空气中时，就会形成大量的白烟，也就是我们在运动场上所见到的白烟。"歪博士边带着他们继续往前走，边讲解。

方块还以为这种白烟是某种气体呢，原来这是一种粉末状的五氧化二磷。

"歪博士，您说这种发令方式会造成大气污染吗？跟咱们的汽车尾气一样吗？"红桃想到平时在街上看到的汽车也会散发这种烟雾。

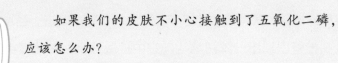

如果我们的皮肤不小心接触到了五氧化二磷，应该怎么办？

应尽快用软纸或棉花等擦去皮肤上的五氧化二磷，再用3%碳酸氢钠液浸泡患处，然后用大量清水彻底冲洗患处，再去医院就医。

歪博士回答说:"发令枪中散发的五氧化二磷容易吸水形成酸雾,不太容易产生污染。但是它毕竟是一种酸性氧化物,还是有一定的腐蚀性,是不能够直接用手触摸和食用的。在平常生活中,五氧化二磷的用处可就多了,干燥剂、脱水剂等的制作都离不开它。汽车尾气成分比发令枪的白烟成分复杂多了,对于环境的危害也大得多。"

想不到运动会赛场上就包含这么多的化学趣味知识,方块越来越觉得运动会充满了乐趣。

"你们快看,长跑就要结束了。比赛结果马上就要揭晓了!"方块一行人朝着终点望去,运动员冲刺的背影,在赛场上无比闪耀夺目……

鸣炮庆祝

鸣炮庆祝是以前人们常在重大节庆时采用的庆祝方式,通过本次科学试验,在红磷的帮助下,我们也可以一起体验这种独特的庆祝方式。

安全提示:为了安全,实验过程中不要用没有戴胶皮手套的手去触碰没有及时发生反应的纸包。

实验目的:探寻红磷和氯酸钾相结合的化学反应。

实验准备:研钵、玻璃片、滴管、玻璃搅拌棒、纸、氯酸钾、红磷、酒精、浆糊。

实验过程:1. 取2g氯酸钾晶体放在研钵里研成粉末,倒在玻璃片上。

2. 取0.6g红磷轻轻放在氯酸钾粉末旁,用滴管吸取酒精滴到两种药品上,使药品潮湿。

3. 用玻璃搅拌棒将两种药品混和均匀调成糊状，分成三等份，置于空气中干燥后分别用纸包紧并粘牢。

4. 将三个纸包朝水泥地上用力地摔出，就会听到类似炮响的声音。

实验原理：

氯酸钾为强氧化剂，红磷为易燃物，两者之间很容易发生化学反应，二者的混和物与硬物撞击时会发生猛烈的爆炸。

方块爱生活

五氧化二磷可以用于制造光学玻璃、透紫外线玻璃、隔热玻璃、微晶玻璃和乳浊玻璃等，以提高玻璃的色散系数和透过紫外线的能力。

红桃讲故事

有趣的火柴

曾经有一段时间，火柴在我们的生活中扮演着重要的角色。那你知道，火柴是由谁发明的吗？据记载，最早的火柴是在公元577年发明的。当时

正是南北朝时期，战事频繁，物资短缺，生火做饭都成问题。于是，一班被这个问题困扰的宫女想尽办法，发明了火柴。当然，那时候的火柴和现在不一样，只是作为引火的材料。

也许你们会问，既然火柴是在南北朝时期发明的，那在此之前，人们是怎么生火的呢？答案就是，人们靠摩擦生火，或者用打火石和铁片，但是这些方法存在一个问题，就是需要的时间比较长。火柴的出现，给人们的生活带来了很大的便利，而且后来还出现了一些有趣的火柴。

日本有一种"浮士绘版画"火柴盒，每根火柴长12厘米，装潢相当考究。这种火柴像本古书，曾风行全世界。

美国钻石火柴公司发明了一种新式安全火柴，它燃烧的热度只有目前火柴的一半，而且能自行熄灭。

此外，还有音乐火柴、多次燃火柴、自启式火柴、微声火柴、电影火柴、感光火柴、高级芳香火柴等等。即便科技再发

达，火柴也很难被各种现代化的打火机所完全代替，它们仍旧在生活中不断地散发自己的魅力。

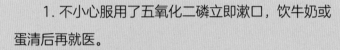

1. 不小心服用了五氧化二磷立即漱口，饮牛奶或蛋清后再就医。

2. 可以用沙土、干粉扑灭五氧化二磷引起的失火，禁止用水。

3. 不要玩火，以免引发火灾。

肥皂水的妙用

肥皂是脂肪酸金属盐的总称。

肥皂包括洗衣皂、香皂、金属皂、液体皂等产品。

这就是
科学

歪博士
爱提问

肥皂的成分是什么？

为什么肥皂可以用来防蚊虫？ >>>

"方块，你真觉得实验室后面的花园里，有你要寻找的超级蚂蚁？"
红桃看着走来走去的方块，觉得他要寻找超级蚂蚁的计划有些难度。花
园那么大，蚂蚁那么小，要找到超级蚂蚁谈何容易？

有些事情很奇怪，当你越想找到一样东西的时候，就越不容易找到。
方块沿着花园边、树下找了好久，连蚂蚁洞的影子也没看到。

炎热的天气和嗡嗡的蝉鸣，让方块心里更觉得燥热，后背都湿了。

他突然发现，就在不远处，似乎有一片松软的土地与其他地方都不
同，看起来就是蚂蚁洞的所在地了。

方块悄悄地走过去，弯下身子定睛一看，这个蚂蚁洞穴的洞口朝向
南边，旁边有枝叶交错掩映。方块抬起右脚准备慢慢靠近洞穴，可右脚

踩下去后，方块心里一惊，"糟糕"！原来他踩在了一块小泥坑里，四溅起来的泥水把那个近在咫尺的蚂蚁洞也掩盖住了。

"啊！我的昆虫夺冠之梦！"方块仰天长啸。

拖着满是泥水的右腿，方块艰难地挪回了实验室后面院子里的洗手池边。梅花恰巧帮歪博士在这边清洗实验室的用具，看见满脸沮丧的方块，她连忙搬了把木头小椅子让方块坐下。

"方块啊，你这是去后院种花了吗？"歪博士闻声赶来。

听方块讲了来龙去脉，大家不禁笑了起来。

梅花安慰他："没关系，咱们先清洗干净，等明天阳光好的时候你再去寻找超级蚂蚁。"

"我的小腿好痒啊。"方块忍不住用手挠起右腿来。原来，他的右侧小腿上被蚊虫叮了七八个小疙瘩，红了一大片。

"别急。"歪博士劝道，"梅花，你去把水池边的肥皂盒子拿过来。"

"歪博士，我太痒了，您让梅花拿肥皂，它也没法儿治这红疙瘩吧？"方块痒得龇牙咧嘴。

歪博士打开水池边的软水管，将方块腿上的泥水冲净，然后用肥皂搓了搓蚊虫叮咬起的疙瘩，再用水冲洗干净。不一会儿，方块觉得腿上的疙瘩没有那么痒了。

"歪博士，这是怎么回事？难道肥皂可治疗蚊子咬的疙瘩？它不是用来清洗衣服的吗？"方块一边用毛巾擦着腿一边问。

歪博士擦干了手，坐在院里的藤椅上，说道："小方块，咱们都知道蚊子叮人时，在人的皮肤内留下一种叫作甲酸的东西。甲酸的刺激性很强，使人觉得皮肤发痒。肥皂水是碱性的东西，被蚊子叮咬过后，涂上肥皂水，就能和人皮肤下的甲酸发生'中和反应'，人也就会觉得不那

么痒了。"

方块若有所思地点点头。

"那么歪博士，肥皂里面含有哪种物质，让它具有这种神奇的功效呢？"红桃追问。

"肥皂中含有高级脂肪酸的钠盐，入水后显碱性，可迅速消除痛、痒。"

方块嘟囔着："肥皂可真厉害，不但能止痒，还能把衣服洗干净……"

看着方块可爱的样子，歪博士说："小家伙，你肯定在好奇，为什么肥皂又能把衣服洗干净对不对？"

2300 多年前，人们使用草木灰里的碱性物质来洗衣服。因为衣服上的脏东西大部分都是油脂类，油脂在碱性环境中会发生水解，生成容易溶于水的高级脂肪酸盐和甘油，并随着水的冲洗，脱离了衣服。

  "肥皂中除含有高级脂肪酸盐外，还含有松香、水玻璃、香料、染料等填充剂。在洗涤时，污垢中的油脂被搅动、分散成细小的油滴，与肥皂接触后，油滴就被肥皂分子包围起来，分散并悬浮于水中形成乳浊液，再经摩擦振动，就随水漂洗而去，这就是肥皂的去污原理。"

  经过歪博士这么一说，两个人明白了，肥皂中含有的物质具有多重效用，在人们的生活中发挥着巨大的作用。

  梅花还想到妈妈时常会放置一块小香皂在衣柜里，据说这样可以使衣柜里面保持清香。

  "梅花，我决定接着去寻找超级蚂蚁。"方块又要起身去进行寻宝之旅了。

  肥皂这个名字从何而来？

  古人曾经在黄河流域使用皂荚来清洗衣物，后来到了长江流域没有了皂荚树，人们只好借助另一种树的果实。这种树的果实跟皂荚的功能一样，但是比皂荚更为肥厚丰腴，所以，给它取名叫肥皂子，也叫作肥皂果。后来人们发明了人造去污剂的时候，依然延续使用了"肥皂"这个词。

  "方块，注意安全。"梅花嘱咐道。

  方块冲着她和歪博士挥挥手："没关系，哈哈，我有肥皂好帮手！什么问题也不怕。"

肥皂飞船

同学们，你们见过的各种各样的船都是以什么为动力的呢？你们见过以一滴水为动力的小船吗？一起来学着做一做吧！

安全提示：本实验中用到了剪刀，请同学们在使用过程中注意安全。

实验目的：观察肥皂这一活性剂的效用。

实验准备：剪刀、纸片、清水、肥皂水、小勺。

实验过程：1. 用剪刀在纸片上剪出一个五边形作为小船。

2. 在小船的尾部剪出一个小凹槽。

3. 将小船轻轻放在水面上。

4. 取一小勺肥皂水滴在小船尾部。

实验原理：

小纸船浮在水面是因为水面上受到表面张力的作用，而肥皂水的本质是表面活性剂，它减小了水的表面张力。小船的受力改变了，失去了平衡，所以向远离表面活性剂的方向移动。

由于手工皂有其天然特有的性能，因此不会引起河流、湖泊和水道的污染问题。

古代的洗涤用品

古代，人们使用的最早的洗涤成分是碳酸钠或者碳酸钾。其中，碳酸钾就是草木灰的主要成分。据传，地中海东岸的腓尼基人就是借助草木灰的神奇作用发明了肥皂。

传说公元前7世纪，在古埃及的皇宫里，一个腓尼基厨师不小心把一罐食用油打翻到地上。他害怕极了，如果厨房的主管怪罪下来，他会遭到严重的处罚。趁别人没有发现的时候，他慌忙中从灶炉里掏出一些草木灰撒在地面上，然后把这些浸

透了油脂的草木灰偷偷扔了出去。

地面上的油脂被清除掉了，但他的手上却沾满了油脂。

这可如何是好？

他一边叹气一边把手放到水中试着清洗。奇迹竟然出现了：他只是把手在水中轻轻地搓了几下，满手的油腻就很容易洗掉了，甚至连手指甲里原来一直难以洗掉的老污垢也随之被洗掉了。

他感到十分奇怪，就让其他厨师也来用这种灰油洗手试试。结果，大家的手都洗得比原来更加干净。从那以后，厨房里的佣人们就经常用油脂拌草木灰来洗手。

这只是个传说，不过埃及亚历山大城附近的埃及湖中，的确盛产天然碳酸钠，从这点来说，古埃及的洗涤技术相对发达也就不奇怪了，他们确实具有发明肥皂的天然条件。

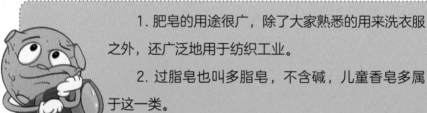

1. 肥皂的用途很广，除了大家熟悉的用来洗衣服之外，还广泛地用于纺织工业。

2. 过脂皂也叫多脂皂，不含碱，儿童香皂多属于这一类。

3. 皂荚煎汁可以代替肥皂进行洗涤。

不会湿的包装盒

干冰是固态的二氧化碳。
干冰比水的温度低很多。

歪博士
爱提问

什么是干冰？

干冰融化后为什么没有水？ >>>

今天是歪博士的生日，红桃和梅花给歪博士在蛋糕房定制了一款蛋糕，还准备做一桌好吃的饭菜，好好庆祝一番。

"方块，你别再鼓捣你给歪博士做的斗篷了，我们有一事相求。好不好嘛？"红桃来到方块身边，举起手中的锅铲，撒娇说。

"你还是好好说话，我会答应你的。"方块一时间有些接受不了。

原来马上就要到晚上 7 点了，歪博士结束会议以后就会回实验室。可是红桃和梅花还得做菜，来不及去取蛋糕，就想拜托方块跑一趟。

方块爽快地答应了，可一出门，就下起了小雨。方块只得叫了辆出租车，这样也节省时间。

等方块拿到蛋糕返回实验室时，雨突然下大了。

下车后，方块不得不拉开衣服的拉链，将蛋糕保护在衣服下面。只有几步之遥就能进屋，可不能让蛋糕盒子淋湿。

最终，蛋糕完好无损地拿回来了。一进门，方块就喊道："嘿，天气预报没说今天有雨啊，还好我无比机智，保护蛋糕平安归来。"

梅花给方块递上了毛巾擦头发，说："方块，这你就不知道了，这是政府在用干冰进行人工降雨。刚才电视上播放的新闻里提到的。辛苦方块大人跑了这一趟。"

梅花和红桃齐心协力为大家准备了一桌子美食，色泽诱人，香味扑鼻。红桃提议把蛋糕打开，先给大家拍个纪念照。

一打开蛋糕盒子，只见烟雾缭绕。

"这干冰把蛋糕盒里布置得像仙境一样，谢谢你们，孩子们，这顿生日餐太棒了。"歪博士为方块他们一一切了蛋糕。

"好奇怪啊，这个蛋糕盒子竟然没有湿，我以为干冰化了会变成水。"方块显然对干冰更为好奇。

梅花吃了一口蛋糕，慢慢说："干冰可不是冰，它是一种固态的二氧化碳。我们平时之所以叫它干冰，是因为它形状像冰雪，受热后不经过液化直接汽化。据说以前有一支地质勘探队正在勘探油矿，突然从地下冒出了一股压强极高的气体，在钻孔口留下了一堆白色的'雪花'，当时摸过这堆'雪花'的勘探队员的手都起了白色水泡。"

二氧化碳是一种碳氧化合物，常温常压下是一种无色无味或无色无臭而略有酸味的气体，也是一种常见的温室气体。

方块惊呼："难道干冰还能伤人？"

"是啊，"红桃起身为大家倒了果汁，然后说，"干冰在常压下会迅速蒸发，可以凝结成一块块紧密的雪状固体物质，温度特别低，可以达到零下80℃左右，减压蒸发温度就更低了。如果这时候用手去触摸干冰，手指就会被瞬间冻伤。"

方块明白地点了点头："那我们要想利用干冰，还得注意安全。"

"方块，你记得以前我带你们去看戏剧《春天的使者》，舞台上烟雾缭绕的，那就是干冰制造的效果。把液态的干冰放在房间里，它很快就会吸收周围的热量，迅速转化为气体。放在舞台上可以制造烟雾缭绕的唯美效果。"歪博士提示方块。

方块点点头："原来舞台上的并不是真的白烟，而是白雾。歪博士，那我们生活中还能怎么使用干冰呢？"

"我来替歪博士回答，"梅花放下筷子，双手托着脸，"干冰技术还可以让我们的皮肤变好。"

方块和红桃摸摸脸上的皮肤，觉得有些不可思议。

"现在世界上有的皮肤科医生用干冰来治疗青春痘。这种治疗原理就是所谓的冷冻治疗，也就是轻微地把皮肤冷冻。有一种治疗青春痘的冷冻材料就是混合磨碎的干冰。液态氮及固态干冰也可以用来做冷冻治疗的材料。

方块心想，还好自己的皮肤不算差，目前看来自己是用不上干冰技术了。

干冰是什么时候开始被大量应用到工业生产中的呢？

1925年，美国成立了干冰股份有限公司，干冰被成功地进行工业性大量生产。当时将制成的成品命名为干冰，但其正式的名称叫固体二氧化碳。

"还可以人工降雨！"红桃说。

"是啊，我刚才差点变成了落汤鸡。"

歪博士望着窗外说："人工降雨是运用云和降水的物理学原理，通过向云中撒播降雨剂干冰使云滴或冰晶增大到一定程度，降落到地面，形成降水。简单来说，就是通过使用干冰的人工干预方法使水滴凝结成雨。"

方块对歪博士说："祝您生日快乐，也希望干冰技术可以继续为我们的生活服务。"

笑声伴随着窗外的雨滴，飘向了远方……

 我爱做实验

干冰爆炸

干冰这团气雾有什么威力呢？让我们一起见证吧。

安全提示： 在使用干冰的时候，一定要注意避免肌肤被伤害。

实验目的： 观察干冰的变化。

实验准备： 适量的干冰、水、一个塑料盆、两条浸泡过肥皂水的布条。

实验过程： 1. 往盆里倒入水和适量的干冰。

2. 用一块布条擦拭盆子的边缘，用另一块布条贴近盆口上面滑过。

3. 眼看着盆沿鼓起一个泡泡，慢慢胀大，最后一下子爆炸。

实验原理：

实验中浸有泡泡水的棉布条拉过盆口边缘时，会在盆口处形成一张密封的"泡泡膜"。随着盆里的二氧化碳越来越多，泡泡膜随之胀大，膨胀到一定程度时，泡泡膜就会破裂，随之就会形成令人惊艳的干冰爆炸效果。

 方块爱生活

制作冰淇淋时加入干冰，冰淇淋不易融化。干冰特别适合外卖冰淇淋的冷藏及运输。

啤酒的渊源

　　炎热的夏天，人们经常喝啤酒解渴，打开啤酒瓶盖时经常看到啤酒向外喷沫，有时还像喷泉一样喷出来，这是为什么呢？一般来说，每升啤酒中都含有5克左右的二氧化碳。在制造啤酒时，通过一定压力把它灌进瓶里。因此，每瓶啤酒里都溶解了一定的二氧化碳，而瓶里是留有一定空间的，打开时，只要轻轻摇晃，气体就形成泡沫从啤酒瓶里溢出来。

　　看到大人们喝啤酒，你是不是会好奇，这些看起来全都是泡沫的液体，真的有这么好喝吗？它们是怎么产生来的呢？

　　根据巴黎卢浮宫馆内的蓝色纪念碑的记载，啤酒是苏美尔人发明的。

　　在公元前6000年前，苏美尔人就用大麦芽制成了原始的

啤酒，不过当时的啤酒跟现在的啤酒不太一样，并没有这么多泡沫。

公元前 3000 年左右，波斯一带的闪米人学会了制作啤酒。

公元前 2225 年左右，巴比伦人也学会了制作啤酒，还会用它招待客人。

1. 用干冰冷藏更清洁、干净，这种冷藏方法在欧、美、日本等国得到广泛应用。

2. 干冰可用于消防灭火，如部分低温灭火器。

3. 不要直接用手触摸干冰。

金鱼的日光浴

　　氯是一种非金属元素，常温常压下为黄绿色气体，化学性质十分活泼，具有毒性。

　　氯以化合态的形式广泛存在于自然界中，对人体的生理活动也有重要意义。

歪博士爱提问

氯气是什么物质？
我们如何利用氯的两面性？ >>>

趁着最近放假在家，歪博士带着方块、红桃、梅花一起动手将实验室后面的小花园整理了一番。一个废弃很久的石头堆砌起来的小水池引起了方块的注意。

方块放下扫把，蹲在水池旁说："歪博士，我们把这个小水池也打扫一下吧。我看里面深度也够用，可以想个法子利用起来。"

大家围过来一看，这确实是个可以利用的水池，四周虽然布满了青苔，但是一经打扫，已经变成墨绿色的石块，倒多了些韵味。

方块自告奋勇，承担起买鱼的任务，为了确保任务顺利完成，歪博士派梅花陪同他。来到水族市场，两人挑选了10条金鱼，高高兴兴地回到了实验室。

"歪博士您看，我们买的小金鱼看起来很有活力，咱们把它们倒在水池中吧。"

还没等方块挽起袖子，红桃就一把拦住了他。

"刚才歪博士还叮嘱我，一定要看好你。这池子里的水还得再晒两天，要我说，金鱼还放在老板送的塑料桶里吧。"红桃说着接过了方块手中的鱼桶。

等处理完水池周边的杂草，歪博士捶了捶自己的腰，慢慢站起来。"这水池已经灌满了水，但是现在才晒了几个小时，远远不够。等晒足两天，鱼儿放进来才容易存活。"

"这不相当于我们平时去温泉泡澡，提前晒好温泉水一样嘛。"方块顿时觉得这些鱼儿的生活条件越来越好了。

红桃也点点头，方块的说法听起来很有道理："在城市中养金鱼，一般都是直接使用自来水。这些水经过净化处理后，属于软水，再加上阳光的作用，这样鱼儿的生活环境更舒适吧，歪博士？"

"这里面有个重要的原因，那就是晒足日光，加速氯气的蒸发，可以有效地减少自来水中的氯气。要知道，氯气对于鱼类来说是有毒气体。炎热的夏天，气温普遍偏高，湿度比较大，往往会造成水中缺氧，不经过晾晒处理的自来水或者井水会缩短鱼类的寿命。"经过歪博士的这一番解释，方块他们更觉得自来水晾晒很重要了。

歪博士又说道："说了这么多，你们知道自来水为什么要用氯气消毒吗？"

红桃胸有成竹地回答："自来水消毒大都采用氯化法，主要目的就是防止水传播疾病，这种方法推广至今已有100多年历史了。"

自然界中游离状态的氯存在于大气层中，可以破坏臭氧层。氯气受紫外线分解成两个氯原子（自由基），大多数通常以氯化物的形式存在。常见的主要是氯化钠（食盐）。

方块想起和梅花在买鱼时，店家特别叮嘱要把家里的水处理好之后再把鱼放进去，想必说的就是指要把水晾晒好，当时他们俩没当回事，现在看来，这可是养鱼重要的一步。

游泳馆中常用氯来对水池进行消毒，这会损伤人体的皮肤吗？

游泳馆水质检测包含很多项国家强制标准规定的内容，比如说水的浑浊度、pH 值、游离性余氯、菌落总数

等。现行国标中对泳池余氯含量的规定为 0.3mg/L~0.5mg/L。如果是合格的有机制剂，并且在泳池中的残留含量不超过相应指标，那么这个泳池中的水就是安全的。

这时，梅花想到在市场上看到的那些单独包装的粉剂："我们俩在市场上看到了一些净化水质的药粉，早知道就买回来一些了，咱们就可以缩短晾晒水的时间。"

歪博士摆摆手，说："那些粉剂用上之后，想要摆脱掉可就困难了。晒水还是最经济实惠和最好用的方法。"

听了歪博士的一席话，大家决定耐心等待，决定给鱼儿们创造最舒适的环境。

找到自来水中的氯气

氯是一种无机挥发性的化学物质，会直接对皮肤及毛发的蛋白质黏结，破坏其自然的电解质反应。

安全提示：实验过程中，注意保护手部皮肤。

实验目的：观察自来水中的氯气反应。

实验准备：一个小盆、适量自来水、余氯测试剂。

实验过程：1. 在盆中接入少量自来水。

2. 在自来水中加入试剂。

3. 等待一分钟，将盆中水的颜色与标准色卡对比。

实验原理：

平时家中的自来水在自来水厂处理时需要净化、消毒，现在自来水消毒大都采用氯化法，但是残余的氯含量较少，不会危害我们的健康。

氯气有巨毒，还有强烈的刺激性气味。

氯的发现

氯气的发现应归功于瑞典化学家舍勒。

舍勒是 18 世纪中后期欧洲的一位相当出名的科学家，很小的时候他就在药房当学徒。他在仪器、设备简陋的实验室里做了大量的化学实验，这些实验涉及的内容非常广泛。

1774 年，舍勒在从事软锰矿的研究时发现：软锰矿与盐酸混合加热后会生成一种令人窒息的黄绿色气体。当时，著名的化学家拉瓦锡提出：氧是酸性的起源，一切酸中都含有氧。

舍勒及许多化学家都推崇拉瓦锡的观点，认为这种黄绿色的气体是一种化合物，是由氧和另外一种未知的基所组成的，所以舍勒称自己发现的黄绿色气体为"氧化盐酸"。

英国化学家戴维却持不同的观点，他尝试了很多办法也不能从氧化盐酸中把氧夺取出来。于是，他怀疑氧化盐酸中根本就没有氧存在。

他认为，只有认为氧化盐酸是一种元素，那一切的实验才能解释得通。于是他得出了这样一个结论：氧化盐酸中不含氧，而且那种黄绿色的令人窒息的气体是一种新元素，他将之前那些具有误导性的名称全部推翻，将其命名为Chlorine 即"氯"，Chlorine 一词源自希腊语 Chloros，原意是绿色。此后的一些新的实验也证明，戴维的推论是正确的。我国清末翻译家徐寿，最初把它译为"绿气"，后来，人们又称其为氯气。

氯气在常温常压下是黄绿色，具有强烈的刺激性气味，一旦吸入，会让人流泪、打喷嚏、咳嗽，具有一定的危害性。

1. 氯气是一种有毒气体，可以引起人们流泪、打喷嚏、咳嗽等症状。

2. 生活中，氯气可以用来生产漂白剂和漂白粉。

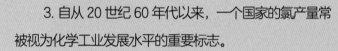3. 自从 20 世纪 60 年代以来，一个国家的氯产量常被视为化学工业发展水平的重要标志。

可怕的杀人雾

硫酸雾也叫酸雾。

硫酸雾是大气中的二次污染物之一。

这就是科学

歪博士爱提问

什么是硫酸雾？

怎么治理硫酸雾？ >>>

本来今天下午歪博士要带方块、红桃他们去看一场足球现场赛。可是距离比赛开始还有一个小时的时候，整个城市突然被漫天的沙尘包裹了。各大街道的广播不断地在重复着相同的内容，请市民们待在家中关好门窗，避免外出。

"沙尘暴的威力太大了，好好的比赛都要延期了。"方块抱怨道。

歪博士安慰说："比赛可以以后再看，这次沙尘暴暴露的环境问题，我们不得不重视啊。人类对日积月累慢性潜在的危害往往不重视，岂不知这漫天的沙尘或者袅袅轻烟都会爆发致命的危机，可以产生严重、凶险的后果。"

"歪博士，您之前给我布置的搜查作业，我完成了，我去拿给

您看。"一回到实验室，梅花就想起歪博士之前让自己调查环境危机的事。

方块好奇地问："难道轻烟也能害人？您这会不会危言耸听了？"

梅花拿着自己收集的资料回到客厅，不紧不慢地说："方块，你有所不知。在震惊世界的八大公害事件中，就有多诺拉、马斯河谷、伦敦三宗煤烟型的烟雾杀人事件。"

知识
拓展

马斯河谷是比利时的重要工业区，河谷区域排列着众多的工厂，还有石灰窑，河谷两侧是高约 90 米的山地。1930 年 12 月，这里爆发了严重的烟雾事件，经科学家检测，二氧化硫烟雾的混合物是这次事件的主要"凶手"。

红桃搬出地球仪，找到了伦敦的位置，指给梅花看："梅花，你看是这里吧，如今风平浪静的美丽城市，以前被叫作'雾都'，我还觉得这个名字十分浪漫，没想到以前竟然受到过这样可怕的烟雾侵害。"

梅花接着介绍："1952 年 12 月 9 日，英国伦敦被大雾所笼罩。平时，这里总是靠近地面的空气温度高、重量轻，热空气上升，冷空气下降，上下空气对流。可是事件发生的那天，冷空气沿着盆地的斜面进入伦敦，地面空气的温度比上面空气的温度还要低，整个城市上下空气对流中止，没有一点儿风。"

"空气不流动，当地有那么多的工厂和烟囱，烟雾很快会弥漫整座城市吧。"红桃仿佛能看到当时那个陷入恐怖氛围的伦敦。

"是啊，当时的伦敦被称为'火与冶炼之神'的法庭，就像一座冒着烟的火山一样，随时要爆发恐怖的威力。这场大雾一连持续了四天，浑浊的空气

让人喘不过来气。喉痛、胸闷等症状折磨着人们。当时的伦敦医院挤满了人，不到一周的时间，伦敦有近 4000 人丧命。"梅花说。

"这就是震惊世界的伦敦烟雾事件，也是有史以来第一次测定大气污染程度并记录环境污染灾害性影响的事件。"歪博士通过当时的影像资料，定格了杀人烟雾的主犯——大气中的悬浮颗粒物，颗粒大的叫作降尘，颗粒小的叫作飘尘。

梅花这才恍然大悟："歪博士，我查阅资料时也注意到，这种烟雾对人体呼吸道有极大的伤害，能够引起人体气管炎、肺炎、鼻炎等疾病，还能诱发神经系统和心血管疾病。"

硫酸雾是怎样形成的？

直接生产或使用硫酸的工厂，以及一些以煤、石油或重油为原料及燃料的工厂排烟里会产生大量的硫酸雾。排烟中的二氧化硫气体成为三氧化硫后，与空气中的水分结合即生成硫酸雾。

歪博士接着说："现在人们越来越依赖石油，但是石油跟煤一样，含有硫，经过燃烧后，会产生二氧化硫，并且会比烧煤排放更多的一氧化碳、氮氧化合物和碳氢化合物。"

说到这里，大家的心情不免沉重起来，针对硫酸雾虽然有吸附式、静电式等治理方法，但是如果人们不树立起环保意识，不减少石油的燃烧排放，那么硫酸雾事件随时会再次爆发。

"歪博士，以后我会从自己做起，少坐车，多步行或者借助电力车。"方块决定为保护环境献出自己的一份力量。

"还有我……"

"还有我……"

看着孩子们纷纷表态，歪博士很欣慰，只有人人都能这么想，人人都从小事做起，硫酸雾才能真的远离我们的生活……

液中星火

硫酸燃烧会释放出光亮吗？让我们动动手，一起去探索。

安全提示：硫酸液的提取过程需要格外小心，要求有家长的陪护，还要做好防护。

实验目的：观察高锰酸钾和酸的化学反应。

实验准备：大试管、铁架台、铁夹、食醋、酒精、高锰酸钾。

实验过程：1. 取一个大试管，向试管里注入 5mL 酒精，再沿着试管壁慢慢地加入 5mL 食醋，不要振荡试管。

2. 把试管垂直固定在铁架台上。这时，试管里的液体分

为两层,上层为酒精,下层为食醋。

3. 用药匙取一些高锰酸钾晶体,慢慢撒入试管,晶体渐渐落到两液交界处。不久,在交界处就会发出闪闪的火花。如果在黑暗的地方进行,火花就会显得格外明亮。

实验原理:

高锰酸钾和醋接触会产生氧化性很强的七氧化二锰,同时放出热量。七氧化二锰分解出氧气,使液体中的酒精燃烧。但由于氧气的量较少,只能发出点点火花,而不能使酒精连续燃烧。

大气中的二氧化硫可被氧化成硫酸雾,随飘尘直接进入肺泡。

多诺拉烟雾事件

1948年10月,美国多诺拉镇工厂和汽车造成的大气污染使全镇几乎一半的居民受害。

事件发生后两个月内,美国联邦公共卫生局会同州卫生

局进行了深入的调查研究。事件发生期间，多诺拉发病人数共5911人，最初只是呼吸道、眼、鼻、喉感到不适，轻患者占居民总数的15.5%，症状是眼痛、喉痛、流鼻涕、干咳、头痛、肢体酸乏；中度患者占16.8%，症状是痰咳、胸闷、呕吐、腹泻；重患者占10.4%，症状是综合的，各种症状中咳嗽是最普遍的。事件中的死者大都患有心脏或呼吸系统疾病。慢性心血管病对促成心脏病患者死亡有重要影响。

由于小镇上的工厂排放的含有二氧化硫等有毒有害物质的气体及金属微粒在气候反常的情况下聚集在山谷中积存不散，这些附着在悬浮颗粒物上的毒害物质，严重污染了空气。人们在短时间内大量吸入这些有毒有害的气体，引起各种症状，导致多诺拉烟雾事件。

多诺拉烟雾事件和1930年12月的比利时马斯河谷烟雾事件、1959年墨西哥的波萨里卡事件，及多次发生的伦敦烟雾事

件一样，都是由于工业排放烟雾造成的大气污染公害事件，其严重的后果应当令人类警醒。

1. 遇到大雾天气，出门要戴口罩。

2. 我们要注意保护环境，减少污染。

3. 汽车尾气中含有大量的有害气体，而新能源汽车就不会产生尾气问题。

巧写"密信"

淀粉通常由直链淀粉和支链淀粉这两个部分组成。
淀粉和碘的显色反应会受到淀粉类型的影响。

生活中有哪些常见的淀粉？

为什么吃馒头的时候会越嚼越甜？ >>>

今天上课时，张老师转身在黑板上写字，方块的肚子却"咕噜咕噜"地响，开始"抗议"了。他东瞅瞅西看看，其他同学都在聚精会神望着黑板。他将手伸到上衣兜摸了摸，咦，他摸到一个硬硬的东西，心里一阵窃喜。他想起来了，那是早上拿的糖果。

方块将糖攥在手里，偷偷地观望四周，发现没有人注意他，于是小心翼翼地将语文课本竖立在桌子上，低下头让前排的同学挡住自己，以最快的速度将糖塞在嘴里。

"方块，你来回答这道题。"张老师写完板书，让方块回答问题。

　　方块嘴巴里的糖果还没化开，猛地被点名，他被吓了一跳，"嗖"地一下子站起来，腮帮子为了藏起这块糖鼓出了一个大包。

　　"哈哈哈……方块你偷吃零食了吧……"同学们纷纷议论起来。

　　没想到张老师并没有大发雷霆，而是把课本轻轻放在讲台上，说道："你呀，上课怎么又搞小动作？这么有活力，那给你安排个任务。明天轮到咱们班进行课间操才艺展示，你出个节目吧。正好释放下你的活力。"说完，张老师接着讲课。

　　方块瘫坐在座位上，这下子惨了，自己哪会什么才艺节目啊？明天可怎么办？

　　放学后，回到实验室，歪博士看到方块无精打采，就知道在学校一定发生了什么。听梅花讲完来龙去脉，歪博士反而乐了："方块，不就是表演节目么，我用五分钟就可以教你一个节目，学不学？"

　　"学学学，歪博士您可得好好教教我，明天课间操全年级那么多同

学看着，我可不想丢脸。"

"既然你上课偷偷吃糖，那我就教你怎么用糖来变魔术。只不过这次我们需要用到的是淀粉。放心吧，我教你的这个实验绝对简单又好玩，你就等着吸引同学们的目光吧！"

说完，只见歪博士将智慧1号准备好的材料摆放好，拿起一张白纸，用手指蘸了一点儿液体，在纸上写了几个字。过了一会儿，纸上的液体干了，只剩下一张白纸。

方块看着这张白纸，疑惑地说："歪博士，这是什么节目啊，不就是一张白纸吗？"

歪博士笑着说："别着急，接下来就是见证奇迹的时刻。"

说完，他用刷子蘸了一点儿液体，刷在了白纸上，结果，纸上突然出现了蓝色的字迹。

方块看了，惊讶地张大了嘴巴。

歪博士说："还没完呢，你看。"

歪博士拿起这张纸放在酒精灯上，烤了一会儿，上面的字迹又消失了。

"歪博士，您快告诉我们，这是怎么回事吧！"梅花俯身仔细看着这张"奇怪"的白纸，也看不明白。

"这个魔术的原理就是，淀粉与碘反应，产生了一种包合物，也就是一类有机晶体，让颜色变蓝了。"

淀粉遇碘变蓝的特性有什么用处？
这种特性可以用来检测碘或淀粉的存在实验，是一种非常简单、安全的检测方法。

方块眨着眼睛说："虽然我听不太懂，但是好像很厉害的样子。"

歪博士笑着说："以你目前的年纪，能够理解这个实验就不错了。怎么样，是不是很简单？当然，我还有别的办法，你想不想听？"

方块高兴地说："当然，当然！"

歪博士笑着说："如果把淀粉溶液换成酚酞试剂，写完字晾干后，放在盛有浓氨水的试剂瓶口熏，也会出现字迹，不过是红色的。考虑到安全性，我觉得你还是用淀粉来表演更好一些。"

"谢谢歪博士传授魔术技巧，明天看我的吧！"方块高兴地拿上智慧1号为他打包好的魔术专用工具包。

梅花拍着他的肩膀说："我们不担心明天你的表演，只担心……"

"只担心你明天早上能不能按时到校。"连歪博士也开起了方块的玩笑。

方块不好意思地挠挠头，也低头笑了起来……

会写字的土豆

土豆一向长得低调朴实，它也能用来写字吗？让我们一起去看看吧。

实验目的：观察碘与淀粉反应产生的颜色变化。

实验准备：土豆、碘酒、滴管、白纸、小刀。

实验过程：1.用小刀切一块土豆，用切下来的土豆块在白纸上写字。

2.在写好字的白纸上喷碘酒，字迹就会显现出来。把纸晾

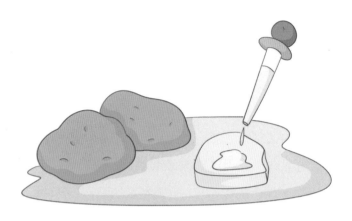

干，字迹就会消失。

实验原理：

土豆的主要成分是淀粉，淀粉遇到碘酒会变成蓝色。

炒菜时不小心把盐放多了，加入适量白糖，就可解咸。

"贵族"食糖

在 17 世纪之前，食糖一直是一种昂贵的奢侈品，价格和胡椒、丁香、姜这些香辛料相当，只有富人才能买得起。后来，哥伦布在伊斯帕尼奥拉岛种下了新大陆的第一根甘蔗。不出几十年，牙买加及古巴的高地上就到处都是榨蔗厂。

16 世纪开始，欧洲的殖民者们在西印度群岛、美洲热带地区开始大批地种植甘蔗，同时食糖生产技术也得到改进。

巴巴多斯是英国最早开始产糖的岛屿。自从岛上开始出现榨蔗厂、农舍、棚屋等以后，岛屿就进入了产糖的飞速模式。葡萄牙人创造了一个高效率的制糖模式，将巴西变成经济繁荣的殖民地。

随着甘蔗的栽培量变大，糖的价格逐渐下滑，越来越多的人能买得起糖，糖的需求量也随之增加。这一现象被经济学家称为"良性循环"。

到了 18 世纪，英国每人的食糖消费量平均是 4 磅（1 磅 =0.454 千克），而到了 20 世纪，则超过了 100 磅。

如今，随着产业的进步，食糖的产量大幅增加，已经成为我们日常生活中非常重要的一种必需品，我们日常吃的蛋糕、

零食中，很多都少不了食糖。但是，食糖吃多了会对牙齿造成损伤，千万不要多吃哦！

1. 日常生活所指的"砂糖"通常指白砂糖。

2. 淀粉是由葡萄糖分子聚合而成的。

3. 淀粉是自然界来源最丰富的一种可再生物质。

打湿的煤块

一氧化碳是无色、无臭、无味、难溶于水的气体。

常温常压下，氢气是一种极易燃烧，无色透明、无臭无味且难溶于水的气体。

⇒CO

为什么湿煤反而容易燃烧呢？

氢气是最轻的气体吗？ >>>

"歪博士，我们明天要爬这座山吗？"站在龙山脚下，方块感叹道，"它看起来好高哦！"

"嗯，没错。我们要上去考察呀！龙山的确不矮，它最高处的山峰约有 1500 米高呢！它横亘在宜阳沙漠的中间，全长 10 余千米，是这里最长的山脉。在当地语言中，龙山的意思是这片沙漠的制高点，又控制着南北交通——对了，我要提醒你们，这山上可能就有你们一直在寻找的秃鹫。千万要小心，可不要被它尖尖的嘴巴啄到。"歪博士开玩笑地说。

不知不觉，天色暗了下来。沙漠地区昼夜温差太大，白天几个人脸被晒得通红，似乎连遮阳帽都遮挡不住紫外线的威力，这时候大家都觉得凉飕飕的。

歪博士提前联系好的景区车辆还有一个小时来接他们，看着方块冻得瑟瑟发抖，歪博士让大家在附近的一处简易的石头亭子稍作休息，等景区车辆。

梅花打开包想要找点吃的，却不小心拿出一块煤块，不用想，这肯定是智慧 1 号的恶作剧。没想到，歪博士看到煤块却眼前一亮。

"方块，你把书包里的矿泉水拿出来些。"歪博士的话让方块觉得很奇怪，这会儿这么冷，难道歪博士要喝冰水么？

方块把矿泉水瓶子递给了歪博士。没想到歪博士竟然往地上堆起来的煤块上喷洒了一些。

074

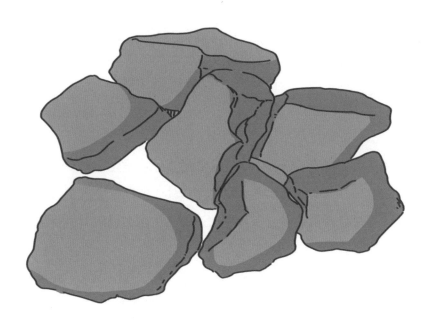

"博士啊，您是要考验我们吗？煤块被弄湿了，咱们还怎么取暖？"方块觉得这一定是歪博士要锻炼他们几个人的意志力，故意出的难题。

"方块，你这就想错了。歪博士刚才把煤块弄湿，其实就是为了更好地燃烧取暖呢。"梅花解释道。

湿漉漉的煤块，怎么还能燃烧起来呢？

只见歪博士点燃了引燃棒，慢慢地放入了煤块中间，不一会儿火苗就蹿了上来，迅速点燃了煤块。亭子里面很快就变得暖和起来。

"你别觉得奇怪，这是因为水分子里有一个氧原子和两个氢原子，水一遇上火热的煤，氧立刻被煤夺走了，结果生成一氧化碳和氢气，它们都是易燃烧的气体，所以我们说湿煤比干煤更容易燃烧。"歪博士说。

"歪博士，也就是说，水浇在火热的煤上会发生化学反应，生成一氧化碳和氢气。这两种气体还都是可燃气体，所以释放出来后火就会更旺。我们平时会看到大街上有卖氢气球的人，这么说来，小朋友玩氢气球要远离明火了。"方块说。

红桃用树枝把煤块往中间拨了拨，也同意方块的说法："如果氢气球不小心碰到正在抽烟的大人，那不就有可能被点燃发生爆炸了？"

歪博士点点头："氢气是一种无色、无臭、无毒、易燃易爆的气体，和氟气、氯气、氧气、一氧化碳以及空气混合都会有爆炸的危险，比如，

氢气与氟气的混合物在低温和黑暗环境就能发生自发性爆炸。与氯气的混合体积比为1：1时，在光照下也可发生爆炸。不仅如此，我们还需要知道，氢气虽无毒，在生理上对人体是惰性的，但若空气中氢气含量增高，很容易导致人发生缺氧性窒息。"

氢气是最轻的气体吗？

氢气是世界上已知的密度最小的气体，只有空气的1/14，即在1atm和0℃，氢气的密度为0.089g/L。所以氢气可作为飞艇、氢气球的填充气体（由于氢气具有可燃性，安全性不高，飞艇现多用氦气填充）。氢气是相对分子质量最小的物质，主要用作还原剂。

方块不禁感叹："再有趣的气体，我们也需要倍加小心。这样才能保证安全啊。"

过了一会儿，景区派来的车辆也到了，一行人将地面上的煤块用沙土扑灭，将垃圾装在随身的储物盒里一起带离了景区。冒险小分队的旅行以后还将继续下去……

铝箔换氢气

五颜六色的氢气球在空中飘来飘去，漂亮极了，深受小朋友们的喜爱。我们要做的这个实验就和氢气有关。

安全提示：实验中请使用普通的5号电池，避免造成安全隐患。

实验目的：用简单的材料制取氢气、氯气。

实验准备：1个水杯、少量食盐、5号电池一节、锡箔纸、一把剪刀、搅拌棒。

实验过程：1. 往杯中倒入100mL清水，加入约30g食盐充分搅拌，形成一杯浓浓的食盐水。

2. 将锡箔纸对半剪开后反复折叠，做成2个锡箔纸条。

将锡箔纸条一端分别接在电池正负极上，另一端放入盐水杯中。仔细观察两根锡箔纸条周围发生的现象。

实验原理：

当我们将锡箔纸条接到电池正负极后，两根锡箔纸条就通电了，一根锡箔纸条成了阳极，另一根锡箔纸条成了阴极。由于食盐的成分主要是氯化钠，通电后，水中的氯化钠与水发生电离，分别在阴极与阳极锡箔纸附近生成氢气与氯气，剩下的氢氧根离子与钠离子结合生成氢氧化钠分子。氢气不溶于水，就以气泡的形式跑到水面上来，而氯气是可以溶于水的，所以产生的气泡较少。

方块爱生活　　　利用太阳能从生物质和水中制取氢气是最环保的方法。

一氧化碳的研究

在古希腊时代，哲学家亚里士多德曾记录了燃烧的煤炭散发有毒气体的现象。当时有这样一种执行死刑的方法：将罪犯关在一间不通风的浴室，并在浴室内放置文火燃烧的煤炭。古希腊医生盖伦推测，由于浴室内空气的组成发生了变化，因此吸入后会对人体造成伤害。

随后，比利时的化学家海尔蒙特在实验中研究燃烧木炭和其他可燃物生成的不可见物质。他发现由文火燃烧的木炭会产生一种有毒气体。这种气体可以危及自己的生命。他还记述了自己被燃烧的木炭的烟熏时的症状。

后来，法国化学家拉索纳在《皇家科学院备忘录》中把制得的一氧化碳气体错误地描述为"一种性质极怪异的可燃空气"——氢气。

1785 年，普里斯特利利用木炭加热氧化铁制备了一氧化碳，但也误以为制得的是"可燃空气"。直到 1801 年，《尼克森杂志》上发表了苏格兰化学家克鲁克尚克的 2 篇报告，才证明了普里斯特利所谓的"可燃空气"是由碳元素和氧元素组成的化合物，一氧化碳才正式走入大众的视野。

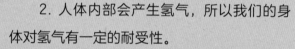

1. 氢燃烧的热值高居各种燃料之冠，氢还有贮存体积小的特点。

2. 人体内部会产生氢气，所以我们的身体对氢气有一定的耐受性。

3. 呼吸高压的氢气常被潜水员作为舒缓与预防高压神经综合症的方法。

"发霉"的鼎

　　铜锈俗称铜绿，是铜与空气中的氧气、二氧化碳和水等物质反应产生的物质，颜色翠绿。

　　铜锈不溶于水，但可以溶于氨水和温度高的浓碳酸氢钠溶液。

歪博士爱提问

生活中，我们在哪儿可以看到铜锈？
怎么去除铜锈呢？ >>>

自从城市参与举办了一期全国性的文物鉴宝综艺节目，各个学校都掀起了一股探索文物故事的浪潮。这不，方块的学校最近就要举办一次讲文物故事的比赛。班主任老师说，如果可以将故事的主角带到比赛的现场，选手还会得到加分呢。同学们都跃跃欲试。

放学后，方块、红桃、梅花说说笑笑来到了歪博士的实验室。

"嗨，方块，你可是我们中间的讲故事大王，这次比赛你一定要报名参加。"梅花放下书包，用力拍了拍他的肩膀。

正说着，歪博士从厨房走出来，手中拿着刚做的甜酥小饼干。

"孩子们，来，尝尝我研发的新品。"

梅花和红桃立马来了精神，纷纷拿起一块品尝。

"太好吃了博士，您做饼干的手艺又到达了一个高峰！"梅花忍不住夸赞。

"哈哈，你们喜欢就好。嘿，小方块怎么不来吃？"

大家一同望向在桌子旁发呆的方块。

"方块，你想什么呢？头一次见你能在美食面前不为所动。"博士举起右手在方块眼前挥了挥手，方块这才回过神来。

"博士，我们学校说下周要举行讲文物故事的比赛，我也想报名参加，可是，我不知道该讲什么。而且，咱们家好像也没有什么文物吧。"方块挠挠头。

博士这下明白了，原来方块是发愁这件事情。

于是，博士转身回实验室拿出了来了一口像锅一样，有脸盆那么大的器皿。

"博士，这是什么呀，都发霉了。"方块问。

梅花和红桃也凑近了看。的确，这件雕刻着花叶的器皿外面长了一圈青绿色的东西。

"这不是发霉了。它是来自于西周时代的一件青铜鼎，只不过长了铜锈，咱们在博物馆看到有的青铜器上也残留有铜锈。"博士说着折回厨房又去拿什么东西。

铜器长埋地下，与土壤中的各种化学物质接触，会生成各种铜锈，锈蚀很深，呈蓝绿色，有的有裂痕、裂口，里面也是锈迹斑斑。传世青铜器也会因收藏条件的不同而产生氧化的霉斑。这使得青铜器表面甚至胎质出现不同的铜锈或地子，即相异的皮色。

　　等歪博士回来，他手中多了一小瓶水和几片棉花。

　　博士说："这口鼎可有来头了，它的故事一会儿我慢慢给你们讲。我先考考大家，如果咱们家中的普通铜器长了铜锈，你们知道怎么去除吗？

　　梅花抢答："用小刀刮掉！"

　　博士摇摇头："这样可不行。这铜锈啊，咱们不能刮，也不能用砂纸去除，因为刀具和砂纸会在器具表面留痕。"

　　"那……能用水擦掉吗？"红桃想了想回答说。

　　"普通的水不行，我的这瓶水就可以。"歪博士用棉花蘸取了拿来的瓶子中的液体，轻轻擦拭起这口铜鼎的边缘。

　　不一会儿，所擦之处铜锈真的渐渐消失了。

　　大家定睛一看，水瓶外面贴着里面液体的成分。原来这不是水，而是稀盐酸和氨水。

　　"铜锈是铜与空气中的氧气、二氧化碳和水等物质反应产生的物质，颜色翠绿。它与稀盐酸和氨水可以发生化学反应，生成氯化铜和醋酸铜，

这两种物质都是蓝色的盐类，用棉花轻轻擦去就可以了。"歪博士的解释让大家消除了心中的疑虑，神奇的稀盐酸和氨水让这次文物故事的主角终于可以焕发光彩了。

"铜锈这个名字还挺好听的，听着很温柔。"方块打趣道。

红桃说："你们听，智慧问答机上面写着，铜锈还有其他的名字，比如碳酸铜、碳式碳酸铜，它是一种细小的无颗粒的粉末，这种物质是有毒的，在200摄氏度可以分解成黑色的氧化铜，而且不溶于水。"

铜锈还可以帮助识别青铜器的真假吗？

如今市场上做假锈的方法五花八门，但不外乎物理上锈、化学上锈两类方法。一种是短时间内用化学药水浸泡，然后再埋进土里，让锈自然长出来。另一种是涂抹黏附而成，做出来的锈大多锈浅浮、色粉绿、无硬度、易脱落。但这种的新锈与古铜锈存在根本的区别，如果用显微镜或其他仪器来分析，区别会更明显。

"是啊，据说制作焰火、油漆等颜料和一些电镀工作，都需要用到这种物质。其实除了博士刚才专业的试剂，也可以用加盐的食醋轻轻擦拭掉铜锈。"梅花补充道。

"说了这么多，我倒是不建议咱们把这口鼎擦干净，留着这些铜锈，你去讲故事的现场，更有说服力。对了，你们想听关于这口鼎的故事吗？"歪博士让大家赶紧就座，把鼎轻轻放在了桌子正中间。

大家聚精会神地听歪博士讲起了这口铜鼎过去的故事……

有节奏的爆炸

氨水除了与二氧化碳和氧气发生化学反应，还能与什么化学物质发生有趣的反应呢？

安全提示：分布均匀细小的六氨合三碘化氮爆炸时没有危险，但操作过程中仍需要小心谨慎。

实验目的：制作六氨合三碘化氮并观察其活泼的化学特性。

实验准备：研钵、60mL锥形瓶、玻璃棒、碘片、30%的浓氨水。

实验过程：1. 取1g碘片放在研钵里，加入5mL浓氨水。

2. 小心研磨3分钟，便得到黑色六氨合三碘化氮的细小固体。

3. 加水50mL，经搅动后倒入锥形瓶中。晃动锥形瓶，使黑色粉末均匀地分布在水中，然后洒在舞台上，等它干燥。

4. 干燥后，人在舞台上面跳舞，随着舞步可发出有节奏的爆炸。

实验原理：

碘和浓氨水可以发生反应生成六氨合三碘化氮。六氨合三碘化氮属于低爆炸药品的一种，不溶于水，干燥后，性质极不稳定，轻微地触动即可引起爆炸。

方块
爱生活

铜锈可以用于制油漆颜料、烟火、杀虫剂、其他铜盐和固体荧光粉激活剂等，也用于种子处理及作杀菌剂等。

红桃
讲故事

铜　鼎

鼎，是统治阶级政治权力的重要象征，被视为镇国之宝和传国之宝。铜鼎是从陶制的三足鼎演变而来的，最初被用来烹煮食物，后来主要用于祭祀和宴飨，是商周时期最重要的礼器之一。

据说，黄帝统一中国后，建都于今河南省新郑县。他带领部下迁徙往来，到处视察，没有固定的住所。后来，黄帝在今河南灵宝的荆山下铸造九鼎，宣告国家权力的稳定。

　　黄帝宝鼎置于宝鼎坛的中宫位置，其他八鼎——爱鼎、寿鼎、财鼎、仕鼎、安鼎、丰鼎、智鼎、嗣鼎则按八卦之位放置。

　　汉语中有个成语，叫作"一言九鼎"，意思就是一句话抵得上九鼎重。比喻说话力量大，能起很大作用。可见，鼎的分量还真是不可小觑呢！

1. 可以用柠檬汁和小苏打混合勾兑来清洗铜绿。

2. 如果铜锈较多较重，可以把铜件放到开水中煮，加速去除铜锈的速度。

　　　　3. 真正的古铜锈一般不容易燃烧。

百炼成钢

含碳量的质量百分比介于 0.02% — 2.11% 之间的铁碳合金统称为钢。

将生铁放到炼钢炉内按一定工艺熔炼，也可得到钢。

为什么人们说"百炼成钢"？
铁和钢有什么区别？ >>>

一个周六的下午，电视上播放着动画片《钢铁侠战士》，方块看得津津有味，时不时还学着钢铁侠的样子，想象自己也可以瞬间变身，身着钢铁侠的全套装备，去拯救世界。

"歪博士，您看，钢铁侠的这身装备太厉害了！各种机关隐藏其中，只要有新任务，变身之后，钢铁侠就像有千军万马帮助一样，太帅气了。"方块说得太激动了，在沙发上差点没站稳。

歪博士盖上水杯，说："其实很多勇者都用钢材来铸造自己的武器装备，不止钢铁侠离不开钢甲一样的护身，很多战士都以拥有一把钢制利剑为武器的追求。要不要随我去看看？"

说着，歪博士带着方块来到时间舱，借助智慧1号的力量，瞬间来到了湖南省博物馆的展厅。

"你随我来，我带你看样厉害的东西。"说着，歪博士带着方块来到了杂件展厅。

只见一把铜柄"铁剑"安静地摆放在展厅中间。"歪博士，这把铁剑虽然现在看着没有那么锋利，还有一些锈遮挡了颜色，但是以前肯定是一把利器。"

歪博士纠正道："这可不是铁剑，而是一把钢剑。中国是世界上最早生产钢的国家之一。考古工作者曾经在湖南长沙杨家山春秋晚期的墓葬中发掘出一把铜柄"铁剑"。通过金相检验，结果证明是钢制的。这是迄今为止我们见到的中国最早的钢制实物。它说明从春秋晚期起中国就

有炼钢生产了，炼钢生产在中国已有 2500 多年的历史。"

"那时中国就掌握了炼钢的技术？太厉害了！当时生产条件那么简陋，难以想象他们竟然可以锻造出一把钢剑。"方块连连感叹。

歪博士说："经科学分析，剑镡为铜铸，其余为碳钢。碳钢可能是用块炼铁在木炭火中加热，使表面渗碳，并经过折叠锻打制成。在一定范围内，钢的含碳量越高，其硬度越高。从剑身断面可以看出反复锻打的层次，其含碳量约为 0.5%，这是咱们迄今为止发现最早的钢制武器了。"

"歪博士您看，这里还有一段文字，"方块看到了展柜旁边的介绍，"战国中晚期后，炼钢术在南方的楚国达到较高水平。《史记》与《荀子》中曾说楚国的宛生产的兵器刃锋像蜂刺，而铁制的刀剑过于柔软，不可能达到蜂刺一样的锐利程度，肯定是钢制兵器。与铁剑相比，钢剑的硬度更高。"

"是啊，钢制的剑杀伤力和攻击性也更大。"歪博士继续问，"你听说过跟钢有关的成语吗？"

"我想想……对了，百炼成钢！我记得老师在课堂上讲过。老师还说，如果我们不努力学习，就是让大人们恨铁不成钢了，嘿嘿。"

方块说到这儿，觉得"百炼成钢"是个很具有力量的词语，听着就让人热血沸腾，他停了一下问："歪博士，难道真的敲一百下，就可以冶炼出钢？"

沈括的《梦溪笔谈》中记载了百炼成钢工艺："铁变成钢，就像面中有筋，把面洗涤尽了，那么面筋就露出来了，炼钢也是这样。取来精铁反复地锻炼，每锻炼一次，分量就轻一点儿，直锻炼到分量不再减少，这就是纯钢了。这是铁的精粹……和一般的铁很不一样。"

歪博士笑着说："这呀，只是个俗语中的数字用法，不过钢材的冶炼确实需要费功夫。这个成语说的是铁要变成钢，需要千锤百炼的

意思。"

"原来，钢是从铁中提炼出来的，看来铁是原始的力量之源啦。"方块像哥伦布发现了新大陆一样激动。

接着，歪博士带他来到钢器展厅，边走边说："钢的确是从铁中提炼的，铁和钢的区别主要在于含碳量不同。纯铁是很软的，不能制刀枪，也不能铸犁、锄等，但当纯铁中含有一定量的碳，就变成钢铁了。"

见方块听得聚精会神，歪博士指着展厅的图片接着说："早期炼铁是将铁矿石和木炭一层层地放在炼炉中锻炼，用这种方法炼的铁很疏松，里面有很多杂质，后来人们发现，在一定温度下，锻打的次数越多，杂质排除得越干净，就会变得越坚硬。于是，人们就不断地锻打，最终达到了所谓的'百炼钢'。"

钢和铁的区别是什么？

二者主要是含碳量有区别。含碳量多少是区别钢铁的主要标准。生铁含碳量大于 2.0%；钢含碳量小于 2.0%。生铁含碳量高，硬而脆，几乎没有塑性。钢不仅有良好塑性，而且具有强度高、韧性好、耐高温、耐腐蚀、易加工、抗冲击、易提炼等优良物化应用性能，因此被广泛利用。

方块不禁竖起大拇指："我国古代劳动人民真是太有智慧了，比钢铁侠厉害多了。我得好好学习，不能让你们恨铁不成钢。"

歪博士摸摸方块的头，高兴地说："这么快你都会活学活用了，我们相信你，你能成为最厉害的钢铁侠。"

在落日的余晖映照下，博物馆显得无比安静。方块心中知道，博物馆中那一件件文物，都是古代人民的智慧……

纳米碳的秘密

纳米碳真的这么神奇吗？不如我们来做一个小实验，亲自体会一下吧！

安全提示：本实验要用到火，请在家长的陪同下进行实验，注意用火安全。

实验目的：通过简单有趣的实验，对纳米材料的结构和性能有所了解。

实验准备：纸杯、滴管、蜡烛、金属汤匙、大杯子。

实验过程：1. 取一个纸杯，盛半杯水。

2. 将纸杯底部置于蜡烛火焰上烤，由于纸杯已经装水，底部不会烧起来。

3. 烤火时需要移动纸杯，使纸杯底部均匀附着黑色的碳微粒。

4. 将烤好的纸杯放在桌上，杯底朝上。用滴管（或吸管）沾少许水，滴一滴水在杯底，轻轻摇晃纸杯，观察水滴的活动轨

迹，会发现水滴在杯底晃来晃去地移动，无法附着在杯底。

实验原理：

本实验的纸杯在蜡烛火焰上，会吸附一层很微小，达到纳米尺度的黑色碳微粒，形成莲叶效应，显现出疏水性，使水滴无法附着在纸杯上。

我们平时说的铁一般包括生铁和熟铁，严格地说，它们都不是纯粹意义上的"铁"，都是以铁元素为主的合金。

古代的铁条

铁的发现和使用，大大提高了当时的生产力，也带动了人类文明史的发展。恩格斯曾将铁评价为是历史上起过革命作用的多种原料中最后的和最重要的一种原料。我们的祖先早在3000多年前就开始使用铁器。春秋中期，人们发明了当时先进的人工冶炼技术。

江苏六合程桥曾经出土过春秋末期的铁条和铁丸，这是目前所知最早经人工冶炼的铁。科学家研究发现，铁条是早期的炼铁，铁丸则是白口铸铁。这块白口铸铁可以说是世界上最早的生铁实物。

除白口铸铁外，另一种品质更优良、适用范围更广泛的可锻铸铁也是我国最早炼成的。据考古学家判断，到目前为止，人类

制造最早的白心可锻铸铁是湖北大冶铜像绿山战国铜矿井出土的六角锄以及在河北易县燕下都 44 号墓出土的镘、铫。

1. 铁是较活泼的金属，平时要将铁锅放在干燥的地方保存。

2. 304 不锈钢是国家指定的食品级不锈钢的最低标准，也是我们日常生活中见到最多的不锈钢。

3. 目前，钢、有色金属、超级合金等材料依然是运载火箭的主流制作材料。

石灰与石灰石

　　碳酸钙是一种无机化合物，俗称灰石、石灰石、石粉、大理石等。

　　碳酸钙基本上不溶于水，溶于盐酸。

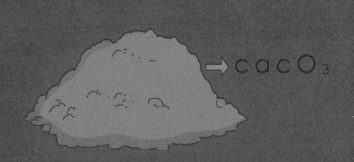

→ caCO₃

这就是科学

歪博士爱提问

石灰水里面都含有什么？ >>>
为什么石灰水可以让鸡蛋保持新鲜？

美术老师上课时，带来了很多鸡蛋。同学们的目光一下子就被吸引了。

"你们知道达·芬奇吗？"

方块很快把手举起来，老师看他这么积极主动，于是提问他。

方块为大家介绍得很详细，大家不一会儿就对这位著名的意大利画家有了初步的了解。

"谢谢方块的分享，我们今天就要来学习达·芬奇的绘画技巧，从鸡蛋画起。"老师把话题转移到了这节课的学习任务上。

按照老师的要求，同学们一步步学着画鸡蛋，可是方块总是觉得自己画的鸡蛋缺少点什么，看着不生动。后来，老师告诉他，绘画是一门

熟能生巧的艺术，等他画够 50 个鸡蛋，就能画好了。

老师的这番话被方块记在了心里。一放学，他就从门口超市买了 50 个鸡蛋。他觉得，画完这 50 个形态各异的鸡蛋，自己就一定可以成为绘画能手了。

"哈哈，你呀，老师让你画 50 个鸡蛋，你可以画几个鸡蛋买一次嘛，哪用得着一次买这么多鸡蛋？回头非得放坏了。"梅花不禁笑起来。

"歪博士，鸡蛋我得保存起来，可别我还没画完，它们就放坏了。您说我如何能让鸡蛋保持新鲜呢？"方块只好求助歪博士。

歪博士看看四周，说："你去把门口那一小袋石灰提过来。"

方块揉揉耳朵，唯恐自己听错了，石灰？

"歪博士，您说的是石灰吗？它们能保护我的鸡蛋？"方块虽然有疑惑，还是边说边去拿来了石灰袋子。

歪博士让梅花接来一盆水，用石灰做成了一盆石灰水。

歪博士说："生石灰，又叫作氧化钙，它是由大量碳酸钙和石灰石经过煅烧而形成的。煅烧好的生石灰是一块一块的，过一段时间你再去看，它会变成白色粉末。这是因为它吸收了空气中的水分。"

"那这么说，生石灰是'回潮'了？就像打开口袋的饼干一样？"梅花认为石灰粉末特别像饼干碎末。

歪博士拿起厨房的茶叶罐说："生石灰能吸收水分这个特点可以防止食品'回潮'，因为它能把食品上的水分吸收掉。比如茶叶、香糕、饼干等，把它们藏在放有生石灰的容器里，外界空气中的水分，就会被生石灰吸收走。"

歪博士动员大家一起来干活儿。大家围成一圈，慢慢地把鸡蛋放进

盛有石灰水的盆子里。

　　这时候，歪博士才道出其中原委："我刚才大概按照 500g 生石灰兑入 2kg 清水的比例，把石灰水搅匀。石灰水与二氧化碳发生反应生成碳酸钙和水。碳酸钙不溶于水，所以就正好覆盖在鸡蛋表面堵住了鸡蛋呼吸的气孔。通过这样的方法，我们既减少了营养物质的损失，也不用担心细菌的干扰。"

　　碳酸钙是地球上常见物质之一，存在于石灰岩、大理石、石灰华等岩石内，也是动物骨骼或外壳的主要成分。不仅如此，碳酸钙还是重要的建筑材料，在工业上用途很广。

　　"原来是这样啊，看似不卫生的石灰水，竟然可以让鸡蛋保鲜，这种保鲜方法便宜又省力，看来我的绘画模特可以永葆活力了。"方块开

心地看望水盆中的鸡蛋，似乎自己成为绘画大师的那一天，马上就要到来了。

梅花好奇地追问："歪博士，这样保存鸡蛋，大概可以保存多久？"

歪博士想了想，说："大概可以存放半年左右。"

"那我就还有半年的时间修炼啦。"方块顿时觉得轻松起来。

为什么家庭装修时，有的会用碳酸钙作为白色颜料？

在涂料中碳酸钙可作为白色颜料，起一种骨架作用，碳酸钙在涂料工业中可作为体质颜料。由于碳酸钙颜色是白色，在涂料中相对胶乳、溶剂价格都便宜，而且颗粒细，能在涂料中均匀分散，所以是大量使用的体质颜料。随着环保意识的提高，在建筑方面涂料已大量采用水性涂料，由于碳酸钙是白色又亲水，价格又便宜，所以获得广泛应用。

大家都期待着那天的到来，如果方块可以把这 50 个鸡蛋画完，说不定还真能变成绘画小能手呢。

变浑浊的石灰水

石灰水有什么的特性呢？让我们通过实验来探寻奥秘。

实验目的：了解二氧化碳能使澄清石灰水变浑浊。

安全提示：在使用石灰水时要小心，不要沾到衣服和手上。

实验准备：一个烧杯、石灰水、吸管。

实验过程：在烧杯中加入少量澄清石灰水，然后将吸管的一端插入烧杯，从另一端向烧杯中吹气。可以看到澄清的石灰水变浑浊。

实验原理：

石灰水的主要成分是氢氧化钙，而我们呼出的气体中含有二氧化碳，二者发生反应，会产生碳酸钙沉淀，所以石灰水会变浑浊。

轻质碳酸钙可用作牙粉、牙膏及其他化妆品的原料。

吟诵石灰的文学家

《石灰吟》是明代政治家、文学家于谦创作的一首七言绝句。于谦是明朝的名臣，字廷益，号节庵，祖籍考城，浙江杭州府钱塘县（今浙江省杭州市）人。

　　于谦从小就十分热爱学习，志向远大。相传，他散步到一座石灰窑前，观看师傅们煅烧石灰。只见一堆堆青黑色的山石，经过熊熊的烈火焚烧之后，只剩下一堆白色的石灰。于谦见到此景深有感触，略加思索之后便写下了《石灰吟》。

石灰吟

　　千锤万凿出深山，烈火焚烧若等闲。

　　粉身碎骨浑不怕，要留清白在人间。

　　这首诗不只是石灰形象的写照，更成为他以后的人生追求。诗中托物言志，表现了于谦高洁的志向。

　　从少年时期开始，于谦就志向高远，十分崇敬文天祥，并把文天祥的像悬挂在座位一侧，时刻以他来鞭策自己。

　　1421年，于谦考中进士，开始在官场上大展拳脚。

在担任江西巡按期间，于谦平反了数百起冤狱，受到人们称赞。

　　于谦一生为人正派，刚正不阿，后来含冤遇害，被尊称为民族英雄。他与岳飞、张煌言被并称为"西湖三杰"。

　　1. 大理石、石灰石、白垩、岩石等天然矿物的主要成分是碳酸钙。

　　2. 中国是世界上石灰岩矿资源较丰富的国家之一。

　　3. 生石灰吸水或者生潮就会变成熟石灰。

尴尬的演讲

　　二氧化碳是一种碳氧化合物，在常温常压下是一种无色无味的气体。
　　汽水是充入二氧化碳气体的饮料。

CO_2

歪博士爱提问　为什么我们喝了碳酸饮料容易打嗝呢？怎么能快速缓解打嗝？ >>>

方块最害怕的就是课前即兴演讲这个环节，老师会随机出题，演讲者需要在三分钟后进行演说，对于方块来说，难度有些大了。别看他平时话多，一到上台的时候，就容易紧张。

今天是豆豆主动申请上台演讲。方块使劲地鼓掌，这掌声中透露的是自己不用面对这一挑战的窃喜。

"刚才豆豆同学把这个问题说得头头是道。这样吧，豆豆，你来选定明天的演讲者，你想听谁的演讲，请你大声念出他的名字。"老师笑眯眯地说。

方块一听这个消息，心跳立即从每分钟 80 次，提升到每分钟 120 次。只待豆豆的金口一开，明天哪位同学要受此挑战就能揭晓了。

"别挑我，千万别挑我……"方块紧张地祈祷着。

"方块，老师我选方块。"豆豆开心地走下讲台，他特别崇拜方块，因为方块很聪明，而且能言善辩，总是能将平淡无奇的故事讲得很有趣。豆豆想一睹方块在讲台上的风采。

听到豆豆宣布自己的名字，方块心想，该来的总是要来的。

下课后，红桃拉着方块说："你好好准备，我送你一瓶我最爱喝的饮料，为你助威。"

说着，红桃从书包里拿出自己最爱喝的饮料送给了方块，方块双手握拳为自己加油鼓劲儿，似乎明天要上战场。

第二天，上课铃马上就要响了，这就意味着方块马上就要登上讲台了。他想起红桃送给自己的饮料，便从书包里拿出来，"咕隆隆"喝了几大口，准备滋润下喉咙，一会儿好好发挥。

可谁知刚上台发言没多久，方块就觉得胃里一阵气体来回乱窜，直冲嗓子。

他实在憋不住了，于是，"嗝……"打了一个大大的嗝。

这下子全班同学都乐了，老师也不禁笑出来。

"没关系，方块，你慢慢讲，同学们请保持安静。"老师安慰道。

方块的脸一下子红了，不过他还是硬着头皮进行完了自己的演讲。同学们报以热烈的掌声——方块刚才能快速调整自己的情绪，完成演讲，表现得很不错。

放学后回到实验室，歪博士听了方块今天发生的事情，便让方块把红桃送给他的饮料拿出来看看。

歪博士把饮料瓶打开，闻了闻说："方块，怪不得你会打嗝，这种碳酸饮料喝了会让人心情一下子变得清爽，不过，它也会我们止不住地打嗝哦。"

红桃听后一下子紧张起来："歪博士，方块，真不好意思，我不知道会这样，平时我很喜欢喝这款饮料。"

方块好奇地问："歪博士，为什么我们喝碳酸饮料会容易打嗝呢？"

"这种饮料里面含有二氧化碳，喝的时候二氧化碳也跟着喝到肚子里。人的身体不能吸收二氧化碳，所以二氧化碳会从身体里跑出去，并且带走一些热量，这样一来我们就容易打嗝。"歪博士把饮料瓶子盖好，还给了方块。

 原始社会时期，原始人在生活实践中就已经感知到了二氧化碳的存在，只不过由于历史条件的限制，他们把这种物质看成是一种杀生而不留痕迹的凶神妖怪。

梅花说："而且啊，碳酸饮料中通常含有合成色素、香精等，这些东西毫无营养价值，甚至会在我们的体内堆积废物。不仅如此，碳酸饮料大都含磷酸盐，还会影响人体对钙的吸收。"

夏天方块也爱喝冰镇的碳酸饮料，一口下去，甚是爽快。今天他才知道，原来这种碳酸饮料还会让人们陷入尴尬的境地。

"方块，看来我们以后都少喝碳酸饮料吧，下次你再进行演讲之前，我一定给你准备最安全的温开水，弥补这次的失误。"红桃觉得很抱歉。

连续打嗝怎么办？

发生打嗝时不要心焦气躁，因过饱过急饮食造成打嗝者，如果无特殊不适，可顺其自然，一般过会儿打嗝的症状就会停止。也可以选择将少量温开水含在口中，在打嗝时马上吞下，通过这样的方式缓解症状。

方块摆摆手："没关系啦，打嗝也许让大家对我印象很深刻，只不过这碳酸饮料我们还真不能小看它的威力啊。"

据说那天方块演讲的效果是一个月以来最好的，老师已经着手安排他的第二次演讲啦。

口吐"仙气"

如何用嘴巴呼出的气体来制造好玩的"魔法仙气"呢？让我们去实验中寻找答案吧。

安全提示：本实验要用到火，请在家长的陪同下进行试验，注意用火安全。

实验目的：观察汽油蒸气在空气中燃烧的情况。

实验准备： 尖嘴玻璃管、酒精灯、有色塑料管、药棉、汽油、肥皂液、甘油。

实验过程： 1. 在长20cm的尖嘴玻璃管外面（尖嘴的另一端）套一层有色的塑料管，管内放一段吸满汽油的棉花球。

2. 把尖嘴玻璃管尖端对着酒精灯火焰，从塑料管向玻璃管尖端吹气。

3. 当气从尖嘴管放出来，遇火便燃烧起来。

4. 这时把玻璃管尖端浸入滴有少量甘油的肥皂液里。取出后，从玻璃管另一端吹气。当肥皂泡泡出现在空中时，用燃着的酒精棉球去点燃这些肥皂泡，便会发出一连串轻微的爆炸声，有趣极了。

实验原理：

汽油蒸气具有可燃性。当汽油和空气混和后遇火便会发生剧烈的燃烧并发出爆炸声。

**方块爱生活**

天然的温室效应：大气中的二氧化碳等温室气体在强烈吸收地面长波辐射后能向地面辐射出波长更长的长波辐射，对地面起到了保温作用。

屠狗洞的秘密

在意大利某地有个奇怪的山洞，人走进这个山洞毫发无损，但是狗走进洞里就一命呜呼，迷信的人说洞里一定有一种叫作"屠狗"的妖怪，因此，当地居民就给这个山洞起了一个可怕的名字——"屠狗洞"。

为了揭开"屠狗洞"的秘密，科学家波尔曼来到这个山洞里进行实地考察。他在山洞里四处寻找，过了好久也一无所获。不过他发现岩洞里倒悬着许多钟乳石，潮湿的地上还生长着大量的石笋。波尔曼透过这些现象，经过科学的实验推理，终于揭开了"屠狗洞"的奥秘。

原来，这石洞里并没有妖怪，而有大量钟乳石和石笋。洞里面长年累月地发生着一系列的化学反应：石灰岩的主要成分是碳酸钙，在地下深处受热分解而产生二氧化碳气体，产生出来的二氧化碳又和地下水、石灰岩中的碳酸钙发生反应，生成可溶性的碳酸氢钙。当含有碳酸氢钙的地下水渗出地层时，

由于压力降低，碳酸氢钙分解又释放出二氧化碳，并从水中逸出。比空气重的二氧化碳会聚集在地面附近，形成一定高度的二氧化碳层。

当人进入洞里，二氧化碳层只能淹没到人的膝盖位置，少量的二氧化碳扩散，对人无法形成太大的威胁。然而身高处于低处的狗走进洞里后，口鼻会完全淹没在二氧化碳层中，最终因缺乏氧气而窒息死亡，这就是屠狗洞屠狗而不伤人的秘密。

1. 空气中的二氧化碳浓度会影响人们的呼吸和情绪。

2. 早晨起床后，屋内应该及时开窗通风。

3. 儿童期、青春期是骨骼发育的关键期，应该合理饮食，避免饮用过多的碳酸饮料。

长个子的秘密

　　钙为凝血因子，能降低神经、肌肉的兴奋性，是构成骨骼、牙齿的主要成分。

　　补钙对人体的生长非常重要。

钙对于我们的身体有哪些好处呢？
我们怎么合理补钙？ >>>

　　红桃和梅花前些日子嚷嚷着要再去爬山，方块刚答应下来，这几天就觉得自己小腿疼。想必是之前在学校游泳课集训时肌肉拉伤了。

　　歪博士决定带着方块去医院看看。医生诊查后，觉得方块的小腿没什么大问题，只是在进行体检时，发现方块有些缺钙。

　　趁着来到了医院的机会，歪博士准备让他把该打的疫苗打上。

　　"歪博士，这针能让我长个子么？"方块最大的心愿就是长个子，这几个月连梅花和红桃的个头都超过了自己，这让方块很苦恼。

　　"这针是为了防止你以后生病的，要是说长个子嘛，等你打完针我就告诉你。"歪博士话落时，他们已经来到了注射室。

　　护士阿姨看了看方块，笑笑说："小朋友，听说你想长个子，只要你听歪博士的话，回去以后科学就餐和锻炼，再加上做好一件事情，很快就可以长个子的。"

　　"阿姨，我应该怎么做？"方块刚问完，发现已经打完针了，原来刚才护士阿姨是在转移自己的注意力。

　　歪博士拉着方块的手说："刚才护士阿姨已经把长个子的秘诀都告诉我了，托我转达你。"

　　他们首先来到超市。琳琅满目的商品摆满了货架，哪一类才能让自己长个子呢？

　　歪博士说："要想长个子，作为小孩子，你必须要做的一件事情，

也是刚才护士阿姨叮嘱你的，就是合理补钙。毕竟医生说了，你有些缺钙。"

婴幼儿补钙也有黄金期。婴幼儿补钙最佳的时段是晚上睡觉前。可以利用这个时间段补充适当剂量的钙，而适当地补充维生素 D 也可以增加对钙的吸收。

方块快步来到一堆牛奶前面，说道："歪博士，我知道，钙在牛奶里面。——为什么补钙对骨骼好呢？"

"哈哈，牛奶含钙量的确很高。钙是构成骨骼、牙齿的主要成分，所以补钙对骨骼有好处。"

听到这里，方块又来到生鲜区拿起一袋牛骨，问："歪博士，您说钙是构成人体骨骼的主要成分，那动物的骨骼里会不会富含钙？我听说很多人都选择喝骨头汤来补钙。"

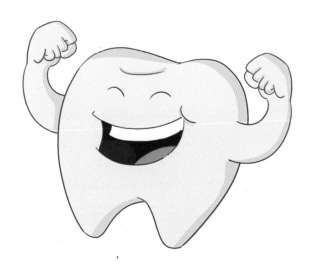

"我们知道，骨头汤经过长时间熬制，汤变得浓稠并且很白，看似钙都溶出来了。但其实动物在死亡之后，骨钙便很难溶解，即便是我们在汤里加一些醋，能溶出的钙含量也特别低，所以用喝骨头汤来补钙的方法是不科学的。骨头汤喝得太多还容易导致肥胖哦。"歪博士说。

方块来到另一个货架上，拿起一袋标明"高钙食品"的豆浆，自信满满地说："您看，这里把'钙'都印上去了，它一定含有大量的钙。"

歪博士看了看产品的说明，否定了方块的说法："从钙含量上来说，豆浆远远比不上牛奶。因为大豆加10杯水磨成豆浆之后，钙含量就稀释得很低了。"

"您说我应该怎么补钙呢？"方块觉得这是一项很伟大的工程。

歪博士带着方块走到了超市旁边的药店，拿起一盒钙剂说："如果想有针对性地补钙，最好的方式就是单独补充钙剂，也可以每天从膳食中摄入800mg钙。如果需要补充其他元素，时间最好错开，间隔2小时以上。"

"那我什么时候吃钙剂效果最好呢？"

"晚上睡前补钙吸收更好。因为咱们晚上睡觉时，胃肠蠕动较慢，食物在胃肠道停留的时间较长，有利于钙吸收。临睡前补钙可以为夜间的钙调节提供钙源，阻断体内动用骨钙。并且钙与植物神经的稳定有关，具有镇静催眠作用。"

方块购买了适合自己年龄的钙剂，和歪博士愉快地走回家。

智慧
问答

我们每天摄入多少钙才有利于身体健康呢？

成年人每天应该摄入大约 1000mg 钙，

这也是人们拥有骨骼健康所必需的最基本的

钙摄入量。专家指出，一些蔬菜和水果也是理想的钙源，如西蓝花、茴香、甘蓝、橘子和猕猴桃都是专家推荐的补钙佳品。

我爱
做实验

爱心小装饰

你想亲手为朋友、家人做一个爱心小装饰吗？让我们通过一个简单的实验来制作这份礼物吧。

安全提示： 本实验中会使用微波炉，要在家长的监督下使用。

实验目的： 观察牛奶中的蛋白质和白醋中醋酸的反应。

实验准备： 牛奶、白醋、过滤网、模具、食用色素。

实验过程： 1. 取 1 杯牛奶，在微波炉中加热约 2 分钟后加入 4 匙白醋。

2. 随着白醋中的酸分解牛奶中的蛋白质，牛奶将开始结块。搅拌约 1 分钟，然后，把牛奶倒入过滤网，轻轻过筛。

3. 将过滤好的牛奶渣倒在纸巾上，加入食用色素，放在做饼干或者蛋糕的模具中进行固定。

4. 将模具放在通风的地方风干，大概 2 天的时间，牛奶小爱心就做好啦！

实验原理：

蛋白质就是氨基酸缩合生成的，是羧基和氨基脱水反应生成的。白醋中有醋酸，与牛奶相遇即酸与蛋白质相遇会导致蛋白质失活变性。

钙的吸收需要维生素 D，钙的代谢平衡也受维生素 D 的影响。

"巴氏灭菌法"

现在很多牛奶饮品外包装上都印有"巴氏灭菌"的字样，据说用这样的灭菌方法生产的奶制品更有营养，口感也更好！那么巴氏灭菌法到底是怎样灭菌的呢？

巴氏灭菌法也被人们叫作巴氏消毒法。它是利用较低的温度杀灭饮品中大部分的细菌，同时尽量保持饮品原有的品质和风味的方法。这种灭菌法的优点是，在杀灭细菌的同时，能尽量减少营养损失，保证饮品的风味口感。但是，由于灭菌不彻底，通过这种灭菌方法制成的饮品中还保留了少量无害或者有益的、比较耐热的细菌和细菌芽孢，所以使用巴氏灭菌法生产的饮品需要在4℃左右的低温环境中保存，并且保质期比较短，最长也就半个月左右。

巴士灭菌法的发明人是法国微生物学家、化学家路易斯·巴斯德，他也是近代微生物学的奠基人，开辟了微生物领域，并且创立了一整套独特的微生物学基本研究方法，被称为是"科学巨人"。

可以说，巴斯德对微生物的研究，将整个医学推进了细菌学时代。在整个人类历史上，巴斯德的影响力都是巨大

的，他还入选了《影响人类历史进程的 100 名人排行榜》，位居第 12 位。

他的名言是：科学虽没有国界，但是学者却有自己的祖国。

1. 婴幼儿期被称为补钙的"临界期"。

2. 缺钙容易造成膝盖痛和腰酸疼痛。

3. 钙可以通过食物来补充，比如多吃牛奶、蔬菜等食物，可以为我们的身体输入适量的钙。